KB168213

내게 다가온 수학의 시간들

내게 다가온 수학의 시간들

장우석 지음

한권의책

차례

헌사

그는 부유한 상인의 둘째 아들이었다. 일찍 세상을 떠난 형을 대신해 아버지의 가게를 물려받았지만, 사업보다는 신에 대한 궁금증이 더 컸다. 궁금증이라기보다는 의구심이었다. 신이 정말로 존재한다면 이 세상에 이유 없이 벌어지는 일은 단 하나도 없어야 한다. 예수의 탄생도, 네로 황제의 집단 학살도, 흑사병으로 인한 집단 사망도, 존재하는 모든 사건은 합리적 언어로 설명될 수 있어야 한다. 1+1이 2인 것처럼 말이다. 자연과학에 관심이 많았던 그는 세계의 조화를 믿었고, 그 조화의 총체로서 신의 존재를 확신했다. 기하학을 이해할 수 있다면 신성을 느낄 수 있다. 그는 자신의 신념을 다른 사람들과 나누기 시작했고, 공동체는 그런 그를 용서하지 않았다. 인격 신을 의심하고 교회의 권위를 인정하지 않았다는 죄목으로 유대교회로부터 파문당했다. 그는 침대 하나만 챙겨 도시를 떠났다. 렌즈를 깎는 기술을 배워 낮에는 일을, 밤에는 연구를 했다. 세상이 원인과 결과의 연쇄에 따른 기하학적 구조로 존재하며 또 인식된다는 그의 신앙은 마음속 깊은 동기에 맞닿아 있었다.

그의 고뇌의 깊이를 유대교회 관계자들이 상상이나 했을까. 그에게 논리와 윤리는 같은 뜻의 다른 표현이었다. 1+1이 2라는 원리(필연)를 통해 어떻게 내 삶의 원칙(자유)을 이끌어내야 하는가. 그는 기하학의 논리인 공리-추론-정리의 방식으로 윤리학을 완성했다. 아니, 하고야 말았다. 수학을 통해 인간이 자유로워질 수 있을까? 논리를 통해 삶이 평온에 도달할 수 있을까? 있다면 그 삶은 어떤 모습일까? 평생 강요된 사회적 소외를 감당해야 했지만, 세상의 조화와 신의 섭리를 한순간도 의심하지 않았던 사람에게 수학은 어떤 의미였을까? 삶을 궁극적으로 긍정한다는 것은 어떤 논리적 기초에서 가능한 것일까?

400년 전 어느 네덜란드 철학자의 고통은 지금부터 40여 년 전 부산의 어느 초등학생 아이의 마음속에서도 시작되고 있었다.

01

지방의 조그만 은행 사원이었던 아버지는 버스로 30분이나 가야 하는 사립 국민학교로 나를 보냈다. 한 학년에 세 학급뿐인 작은 학교였다. 중학교에 가서야 배울 수 있었던 영어를 외국인이 직접 가르치거나 과학실에서 실험 수업을 하는 등, 1970년대 당시로는 보기 힘든 교육 시스템을 갖추고 있었다.

아이들이 사용하는 학용품도 일제와 미제가 주류였다. 체육 시간에 야구라도 할라치면 제트 배트와 미즈노 글러브가 주변에 널려 있었다. 나와는 인연이 없는 물건들이었다.

부잣집 아이들을 책임진 만큼 교사들도 열성적이었다. 5학년 때 담임이었던 여선생님은 매일 숙제로 짧은 글짓기 100개, 산수 문제 50개를 내주었다. 그 답을 공책에 반듯하게 써 오지 않으면 무지막지하게 때렸다. 여자애들이라도 봐주는 법이 없었다. 회초리 같은 막대기로 손바닥을 철썩철썩 후려치는 건 기본이고, 자를 세워서 손등을 내리치기도 했다.

그러던 어느 날 우리 반 반장이 숙제를 빼먹었는데, 선생님은 어쩐 일인지 반장에게 벌을 주지 않고 그냥 앉으라고 했다. 덕분에 그날은 나도 매를 맞지 않았다. 그런데 그럴 만한 이유가 있었다. 교실 앞 복도 신발장 옆에 나무로 된 긴 의자가 놓여 있었는데, 반장의 엄마가 매일같이 그 의자에 앉아 보온병에서 차를 따라서 담임선생님 자리에 놓고 가곤 했던 것이다.

2학년 봄이었다고 기억한다. 교내 사생대회를 앞둔 날이었다. 사생대회 전날 밤, 나는 몰래 다락방에 올라가 아버지가 수집하는 우표책을 뒤졌다. 그날 아침에, 내 짝이 끄트머리에 전구 같은 모양의 은빛 문양이 그려진 빨간색 연필을 보여주었기 때문이었다.

짝은 다른 친구들과는 물물교환을 쉽게 하면서도, 나와는 거래하길 거부했다. 사생대회에서 그 빨간색 연필로 멋진 그림을 그리고 싶었던 내가 찾아낸 해법은 우표였다. 우표가 많으니까 아버지는 한 장쯤 사라져도 모를 것이다. 어쩌면 생일 선물로 우표책을 줄지도 모른다고 생각하고 있었기에, 아버지의 우표책 구석에서 몰래 우표 한 장을 빼면서도 양심의 가책은 없었다. 그렇게 해서 나는 당시에 문구점에서는 구할 수 없었던 일제 연필을 손에 넣었다.

하지만 내가 사생대회를 지금도 기억하는 이유는 연필 때문이 아니다. 그날 나는 운동장 구석에 혼자 앉아서 스케치북을 들고 그림을 그리고 있었다. 주변에서 그림을 그리던 친구들은 모두 교실로 들어가고 스탠드에는 나 혼자 남아 있었다. 항상 그랬다. 소풍 때도, 글짓기대회 때도, 친구들은 내 주변에 없었다. 간혹 대화를 나누는 아이들이 있었지만, 오랫동안 어울리지는 못했다. 내 옷차림과 가방, 얼굴 때깔이 그들과 달랐기 때문이다.

그래도 나는 학교에 가는 게 싫지만은 않았다. 교실 뒤쪽에는 돈 많은 부모들이 가져다 놓은 책들이 가득했기 때문이다. 홈스 시리즈, 뤼팽 시리즈, 역사물, 각종 문고본 등 내게는 신세계였다. 말단 은행원에게 시집와서 하루 종일 집안일과 시집살이에 시달리는 우리 엄마가 사주리라고는 도저히 기대할 수 없는 책이었다. 당시 담임선생님이 집으로 보낸 가정통신문에는 다음과 같이 쓰여 있었다.

> 명랑하고 기분파이며 좀 더 성실한 학습 태도가 요구됩니다. 독서 태도는 매우 좋습니다.

나 같으면 이렇게 쓰겠다.

> 명랑하고 기분파이면서 독서 태도까지 훌륭합니다.

도대체 독서는 학습이 아니고 뭐란 말인가.

그때 네 명의 개인 과외 선생님을 두고 1등을 놓치지 않던 우리 반 반장은 지금 요리학원을 운영한다. 최근에 고향인 부산의 길거리를 걷다가 벽에서 우연히 본 광고에 따르면 그렇다. 그 아이가 머리를 특이하게 땋고 온 날, 바로 뒷자리에 앉아 있던 나는 그 아이의 땋은 머리를 잡아당겼다. 장난일 뿐이었는데 아이는 미친 듯이 소리를 질러댔고, 담임선생님은 책상까지 들고 나가 나를 복도 한가운데에 앉혀두었다.

쉬는 시간에 아이들이 지나가며 복도 한가운데 책상을 놓고 혼자 앉아 있는 나를 보고 웃었지만, 모든 수업이 끝날 때까지 나는 교실로 돌아올 수 없었다. 쉬는 시간이 끝나고 수업이 다시 시작되었을 때, 나는 조용한 복도에서 소리 죽여 울었다. 그 아이 때문에 곤욕을 치렀지만(물론 내 잘못도 인정한다), 요리학원이 잘되기를 진심으로 바란다.

어찌 됐건 사생대회 날, 내가 스탠드 끄트머리에 앉아서 빨간 일제 연필을 잡고 스케치한 그림은 본관 건물이었다. 벽돌로 된 오래된 건물이 주는 정교하면서도 따뜻한 느낌도 좋았지만, 스탠드에 앉아서 그릴 수 있는 대상이 텅 빈 운동장 아니면 본관 건물밖에 없었던 탓이다. 대충 그린 그림은 내 눈으로 보아도 별 볼 일 없었다.

하늘은 구름이 끼어 어두웠고, 주변에 아무도 없었다. 슬슬 집을 챙겨 교실로 들어가야 할 시간이었다. 들어가고 싶지 않아서 잠깐 머뭇거렸지만, 결국 포기하고 일어섰다. 그 순간 오른쪽에서 목소리가 들렸다.

"아직 그리고 있니?"

"……."

옆반 담임인 진 선생님이었다. 선생님은 천천히 내게 다가왔다. 나는 엉거주춤 일어나며 선생님을 바라보았다. 우리 말고는 아무도 없었다. 선생님을 그렇게 가까이에서 본 적이 없었다. 짧은 커트 머리, 동그란 얼굴에 커다란 두 눈, 흰색 상의와 분홍색 치마가 지금도 또렷이 기억난다.

"어디 보자."

선생님은 바닥에 아무렇게나 놓여 있던 스케치북을 집어 들었다. 나는 고개를 숙인 채 앞쪽 운동장을 바라보았다. 운동장 한복판에 버려진 파란색 장갑이 눈에 들어왔다. 야구 배트를 휘두를 때 끼는 것인데, 어떤 놈이 흘리고 간 게 분명했다.

"구도가 좋네."

"예?"

선생님은 웃으며 스케치북을 돌려주었다.

"그림에 소질이 있다는 뜻이야."

무언가에 소질이 있다는 말을 처음 들어본 순간이었다. 선생님은 스케치북을 내 앞에 놓고 설명하기 시작했다.

"이 끝하고 반대쪽 끝하고 연결해보면, 바깥으로 넓혀지면서 일직선이 되잖아."

눈으로 선을 그려보니 정말 그랬다.

"이건 우석이가 스케치를 하면서 전체 구도를 생각했기 때문이지."

전체 구도? 맹세컨대 그런 걸 생각하고 그리지 않았다. 하지만 굳이 사실을 말하진 않았다. 선생님을 실망시키고 싶지는 않았으니까. 나는 선생님의 설명을 들으면서 구도라는 말의 의미를 이해했다.

"색칠을 하지 않아도 알 수 있어. 이건 좋은 그림이 될 거야."

"……."

마치 앞으로의 내 삶을 축복해주는 말 같았다. 좋은 그림이 될 거야. 나는 선생님의 눈을 바라보았다. 미소를 머금고 내 머리를 쓰다듬은 선생님은 몸을 돌려 건물로 들어갔다.

선생님이 입구로 사라지자마자, 건물 안에서 운동장으로 아이들이 쏟아져 나오기 시작했다. 그와 동시에 어두웠던 하늘이 밝아지며 햇빛이 운동장에 드리웠다. 정신이 퍼뜩 들었다. 녀석들이 보기 전에 흘리고 간 장갑을 주워야 했다. 난 스케치북을 겨드랑이에 끼운 후, 스탠드를 내려와 운동장으로 뛰어갔다.

운이 좋은 날이었다.

02

"당장 이놈 데리고 나가라."

"……."

엄마는 말없이 노트를 펼쳐서 내 앞에 놓았다. 아버지의 목소리는 더 높아졌다.

"46점이 뭐꼬, 46점이. 공부 안 하는 놈은 필요 없다. 나가라, 마."

바깥은 이미 어두웠다. 나는 죄스러움과 수치심 그리고 당황스러움에 몸이 굳어 움직이지도 못하고, 앞에 앉아 있는 엄마를 바라보고 있었다. 아버지가 분노한 원인은 나였지만, 목소리가 향하는 방향은 엄마였다. '내가 밖에서 돈 벌어 오느라 손 비벼가며 애쓰는데, 당신은 집에서 아이 교육 하나 제대로 못 시키고 뭐 하는 거야?' 정도의 의미를 담은 눈빛이었겠지.

"아를 우째 갈키길래 이 모양이고."

어머니는 내 손을 잡아끌어 앉혔다. 눈앞에 시험지와 노트가 보였다.

"연필 잡아라."

차라리 뛰쳐나가고 싶었다.

그날은 모처럼 아버지가 일찍 퇴근한 날이었다. 큰방에서 저녁을 먹은 후, 아버지는 내게 성적이 어떻게 나왔는지 물었다. 하필 산수 시험을 본 날이었다. 내가 우물쭈물하며 대답을 못 하자, 아버지의 미간에 주름이 잡혔다.

"책가방 열어라."

나는 주섬주섬 가방을 가져와서 열어 안에 든 것을 뒤적였고, 이윽고 가방 구석에 구겨진 채 박혀 있던 시험지가 끌려 나왔다. 재수 없는 날이라는 생각이 드는 동시에, 아버지가 그동안 벼르고 있었다는 느낌이 퍼뜩 들었다. 집안의 장남이라고 힘들여 사립학교에 보내놨더니, 2학년이 되도록 기대에 영 미치지 못한 것이다. 더군다나 산수가 46점이라니. 그 옆에 있던 어머니가 내 얼굴을 보며 어떤 표정을 지었는지는 기억나지 않는다.

아버지가 진짜로 나를 쫓아내려 한 것은 아니었을 게다. 그 대신, 어머니가 나를 조그만 자개 밥상 앞에 앉히고 시험지를 펼쳐서 틀린 문제를 가르치는 와중에도 아버지는 옆에서 끊임없이 잔소리를 해댔다. 부모님은 내가 어릴 때부터 사이가 좋지 않았지만, 교육 문제로 싸운 것은 내가 기억하기로 그때가 처음이었다.

엄마의 화난 눈빛과 아버지의 책망 속에서, 나는 틀린 산수 문제를 이해해야 했다. 그 길고 고통스러운 기억은 지금도 피부 속에 박혀 있어서, 가끔 혈액을 타고 뇌까지 올라온다.

> 문제 : 기영이와 영희가 100미터 달리기를 했다. 기영이는 16초 걸렸고 영희는 20초 걸렸다. 기영이는 영희보다 몇 초 더 빨리 들어왔을까?

등장인물의 이름과 수치는 명확하지 않지만, 대충 이런 문제였다. 엄마는 내가 이 문제를 틀렸다는 사실에 충격을 받은 듯했지만, 몰라서 틀렸을 리가 없다고 생각했는지 거듭해서 채근하듯 물었다.

"그러니까 몇 초 빨리 들어왔냐고?"

두어 번 고민하다가, 4초라고 대답해버렸다. 엄마는 안도하는 표정으로 다음 문제로 넘어갔고, 내 머릿속의 기억도 그렇게 사라져갔다.

아무리 수학에 재능이 없는 초등학교 2학년생이라도 이 문제에 대답하지 못할 친구는 없을 것이라 믿는다. 그런데 나는 왜 이 문제를 틀렸을까? 그리고 어떻게 엄마에게 정답을 말했을까? 이 일은 내 평생 가장 강렬한 기억 중 하나다. 어쩌면 내가 수학을 전공하게 만든, 무의식의 지층에 깔려 있는 기억인지도 모르겠다.

내가 그 문제에 대답하지 못한 이유는 이러했다. 나는 뭐든 클수록 좋은 것이라고 생각했다. 그리고 달리기에서 더 좋은 것은 더 빠른 것이다.

크다 ≅ 좋다 ≅ 빠르다

이런 3단논법에 의해 나는 16초보다 20초가 걸린 영희가 더 잘 뛰는 것이라 생각했다. 4초만큼 말이다. 그래서 나는 '기영이가' 얼마나 빨리 들어왔느냐고 묻는 문제에 답할 수 없었다. 이해하지 못해도 눈치껏 찍을 수라도 있었을 텐데, 그런 순발력조차 없었다. 문제가 내 생각과 모순을 일으키니 답을 쓸 수가 없었던 것이다.

이는 모르는 것과는 다른 문제다. 국민학교 2학년생이었던 내겐 동일한 거리를 빨리 달릴수록 시간이 적게 걸린다는 사실이 낯설었다. 요컨대 내 머릿속에는 속도라는 개념이 없었다.

위에서 언급한 대응에서 '크다'와 '빠르다'를 연결하는 중간 단계인 '좋다'는 주관성, 자기 중심성(또는 자기 지시성)이 강한 개념이다. 일반적으로 어린이는 이렇게 객관적 대상을 자신의 주관적 생각이나 판단을 근거로 연결하여 사고를 확장해나간다. 이는 옳지 않은 결과로 나타나기도 하지만, 아이들이 어른들의 세계, 객관적 세계로 나아가는 보편적 단계이기도 하다. 문제는, 내 경우에 이러한 복합체적 단계가 길었다는 점이었다.

지금도 어머니는 말한다. 1970년대 당시에 부산에서 두 곳밖에 없었던 그 학교를 나왔기에 내가 괜찮은 대학에 갔고 멀쩡한 직장에 다니고 있는 거라고 말이다. 하지만 산수 46점이 웅변하듯이, 어릴 때 나는 성적이 그리 좋지 않았다. 국민학교를 졸업할 때까지 6년 동안 받은 상장이라고는 4학년 때 그림으로 받은 두 개뿐이었다(그중 하나는 우리 반 아이들 절반이 받은 소년한국일보 사생대회 장려상이다).

내가 그 학교를 다니며 얻은 재산은 공부가 아니라 학급문고였다. 그것은 이야기의 세계였다. 나는 교과서와는 친하지 않았지만, 《삼국유사》와 《삼국사기》, 《플루타르크 영웅전》, 《그리스 로마 신화》, 《셜록 홈스》, 《괴도 뤼팽》 등의 이야기를 탐닉하며 어린 시절을 보냈다. 5학년 때 학교에 야구부가 생겨서 잠시 야구 선수를 꿈꿨던 적이 있지만, 기본적으로는 이야기를 좋아하는 소년이었다. 산수는 정말 싫었다.

국민학교 3학년 때의 일이다. 지금도 또렷이 기억나는 사건이 있다. 1960년대 미국의 새 수학(New Math) 운동의 여파로 우리나라에도 초등 산수에 이미 집합의 개념이 포함되어 있었다. 쪽지시험이었던 걸로 기억한다.

문제 : 짝수의 집합을 나타내어라.

대부분의 아이들은 6까지 쓰고 줄임표를 찍을까, 8까지 쓰고 찍을까, 또는 줄임표 점을 3개 찍을까, 5~6개 찍을까를 두고 고민했을 것이다.

대범한 정답 : {2, 4, 6, …}
소심한 정답 : {2, 4, 6, 8, 10, ……}

아무리 교과서와 친하지 않은 삶을 살았다지만 집합 기호({})는 알고 있었으니, 과감하게 기호를 열어젖혔다. 하지만 나는 두 가지 답을 놓고 고민에 빠졌다.

나의 정답 후보 1 : {2, 4, 6, 8, …}
나의 정답 후보 2 : {2, 4, 6, 8, …

만약 문제가 "10 이하의 짝수의 집합을 나타내라"였다면, 고민하지 않고 {2, 4, 6, 8, 10}이라고 썼을 것이다. 시작(=2)과 끝(=10)이 분명하기 때문이다. 하지만 문제에서 요구한 '짝수(전체)'의 집합은 2라는 시작은 있지만 종착점이 없다. 그러니 기호를 닫을 수 없지 않을까? 잠시 진지하게 고민하던 나는 결론을 내리고 답을 써서 선생님께 제출했다.

채점이 끝난 후, 선생님은 나를 불렀다. 지금도 그렇지만, 국민학교 교실에는 선생님의 책상이 함께 놓여 있었다. 나는 두근거리는 마음을 안고 선생님 책상 앞에 놓인 조그만 의자에 앉았다. 선생님은 커다란 몸을 뒤틀어 나를 보며 말했다.

"이렇게 쓰면 어떻게 해?"

"……."

빨간색 펜으로 오답 처리된 내 답안지에는 집합 기호 '}'가 추가되어 있었다. 선생님은 내가 부주의해서 집합 기호를 빠뜨렸다고 생각한 것이다. 나는 아무 말도 못한 채 '그냥 웃지요' 하는 표정을 지었다. '실수로' 기호를 빠뜨린 게 아니었는데도, 내가 틀렸다고 한 선생님의 선언에 굴복해버렸다.

내가 이 사건을 기억하는 이유는 그 순간에 느낀 굴종적인 감각 때문이다. 물론 선생님은 수업 시간에 충분히 설명했을 것이고, 교과서에도 분명히 짝수 집합은 그렇게 표시되어 있었을 것이다. 따라서 내가 느낀 굴종감에 대해 담임이었던 김 선생님은 어떠한 책임도 없다.

이 세상에 존재했거나, 하거나, 할 수 있는 모든 고양이를 '고양이'라는 유한한 기호로 담아내듯, 집합이라는 개념 또한 대상의 개수가 유한하든 무한하든 단일한 약속인 집합 기호 '{ }'로 담아내는 기호라는 생각이 당시 내 머릿속에는 없었다. 그저 추상적 기호 '{' 와 '}'에 시작과 끝을 임의로(주관적으로) 연결한 것이다. 집합 기호는 시작, 끝과 아무런 관계가 없다.

{ : } ≠ 시작 : 끝

'}'를 뺀 건 실수가 아니라 의식적인 선택이었다는 점을 말하고, 내가 쓴 답이 정답이 아닌 이유를 다시 한번 선생님께 묻는 강단이 내게는 없었다. 그 이후 자리로 돌아와 내가 한 일은, 직전까지 치열하게 고민했던 내용은 모두 잊고 서랍 안에 있던 홈스 소설책을 펴는 것이었다.

이렇듯, 긍정적 혼란은 명확한 개념으로 한 단계 올라서지 못하고 그 자리에 주저앉고 말았다.

03

유아기를 벗어난 어린이들은 객관적 용어에 주관적으로 의미를 부여하고 임의로 연결한다.

누군가가 "아빠, 출근하셨니?"라고 물으면 아이는 "응, 출근"이라고 답한다. 출근의 의미를 몰라도 조금 전에 아빠가 집 밖으로 나갔으니 그걸 출근이라고 해석하는 것이다.

여기까지는 문제가 없다. 하지만 그다음부터 엄마도 출근하고, 삼촌도 출근하고, 나도 출근하는 상황이 벌어진다. 객관의 세계는 이런 방식으로 주관의 세계로 들어온다. 누구나 예외 없이 거치는 과정이다.

이렇듯 정확하지는 않지만 그렇다고 아주 틀리지도 않은 수많은 낱말을 마음속에 밑천으로 품은 상태에서, 아이는 객관적인 언어를 배우게 된다(물론 여기에는 지능과 환경이라는 개인차가 존재한다). 요컨대 객관과 주관이 주관적으로 섞인 어떤 연결 고리를 아이가 표현하고 있다면, 이는 계단을 올라갈 준비가 되었다는 의미다. 그럴 때 어른이 손을 내밀어 아이를 위로 끌어올려야 한다. 이것이 어른들이 할 일이다.

대한민국 사회가 그렇듯, 정답에 대한 강박이 강한 사회에서는 아이의 기를 꺾는 경우가 많다. 아이와 사회의 미래에 전혀 도움이 안 되는, 매우 잘못된 일이다.

성장은 시간이 흘러가면 저절로 이뤄지는 자연스러운 과정이 아니다. 어른이 되면 타인의 생각을 이해하고 자신의 생각을 명확히 표현하는 능력을 저절로 갖추게 될까? 어림도 없다. 학창 시절에 학교에서 제대로 교육받지 못하면, 아무리 나이가 들고 경험이 쌓여도 모순에 둔감하고 자신을 대상화하여 사고할 수 없는 인간이 된다. 불행히도 우리 사회에는 이런 어른들이 너무나 많다. 정답에 대한 강박이 빚어낸 자화상이다. 또한 우리 사회에 관용이 부족한 이유이기도 하다.

아이들은(심지어 어른들조차도) 틀릴 자유가 있다. 아이들의 생각에서 객관과 주관 사이의 '주관적인 그럴듯함'이 보일 때, 이를 인정하고 높은 차원으로 한 단계 도약하게끔 해주는 것이 어른들이 할 일이고, 특히 학교에서 교사가 할 일이다.

그로부터 20여 년 후, 집합의 개념이 초등학생이 이해하기에는 어려운 추상성을 가지고 있다는 판단하에 교육 과정에서 사라졌다.

비슷한 시기의 일이다. 칠판에 산수 문제를 풀다가 선생님이 질문을 던졌다. "어떤 수에 0을 곱하면 얼마가 되지요?"

교실의 모든 아이들이 너무나 당연하다는 듯이 입을 모아 대답했다. "(합창하듯이) 0이요."

물론 그 아이들 중에는 나도 포함되어 있었다. 하지만 나는 이해할 수 없었다. 왜 모든 수에 0을 곱하면 0이 되는지, 당시 담임 선생님은 분명하게 설명하지 않으셨기 때문이다. 공부에 그다지 열중하지 않았지만 궁금한 것은 못 참는 성격이라, 이 부분에 대해서는 확실히 기억한다. 선생님은 오래된 친구를 다시 소개하듯이 그냥 선언했다. "어떤 수라도 0을 곱하면 항상 0이 된다"고 말이다. 이 글을 읽는 독자는 이렇게 생각할 수도 있겠다.

> 0을 여러 번 더하면 0이 되는 건 당연한 거 아니야?

이 논리에는 3단논법이 숨어 있다.

> 대전제 : 0을 여러 번 더하면 0이다.
> 소전제 : 곱하기는 여러 번 더하는 것을 의미한다.
> 결론 : 따라서 0과 어떤 수의 곱은 항상 0이다.

훌륭한 생각이다. 당시에 선생님이 우리에게 이렇게 설명했는지도 모르겠다. 내가 잠깐 조는 사이에 말이다. 오히려 나는 이런 생각을 하면서 당시 머릿속에 있었던 궁금증의 본질을 알 수 있었다.

결론적으로 말하면, 대전제는 맞지만 소전제는 부분적으로만 옳으며, 따라서 결론 또한 부분적인 진실만을 보장한다. 자세히 설명하겠다.

0은 아무리 더해도 당연히 0이다. 직관적으로 분명한 사실이며, 이는 초등학교 3, 4학년 아이들도 이해할 수 있는 것이다. 곱하기는 여러 번 더하는 것을 의미한다는 소전제도 초등학생들 수준에서는 맞는 이야기다. $2+2+2=2\times3$인 것처럼 말이다. 이 두 전제로부터 나오는 결론을 기호로 쓰면 다음과 같다.

$0+0+0+\cdots+0=0$이므로 $0\times a=0$

(단, a는 임의의 (자연)수)

즉, 앞선 3단논법은 잘해야 $0\times a=0$을 증명할 수 있을 뿐이다. 그럼 된 것 아니냐고? 교실에서 선생님이 던진 질문을 자세히 살펴보자.

선생님 : 어떤 수에 0을 곱하면 얼마가 되지요?

그러니까, 선생님의 질문 내용은 $a\times0$이 얼마냐는 것이다. 이는 $0\times a$가 얼마냐는 질문과는 분명히 의미가 다르다. $a\times0$과 $0\times a$가 어떻게 다르냐고? 곱하기의 뜻이 '여러 번 더하기'니까 $0\times a$는 의미가 있지만('$\times a$' 부분이 'a번 더했다'로 대체됨), $a\times0$은 의미가 사라진다. '$\times0$'의 의미가 0번 더했다는 것이라면, 예를 들어 5를 '0번 더했다'는 말은 과연 어떤 의미인가 말이다.

국민학생이었던 내가 이런 논리적 판단을 내리고 이해가 가지 않는다며 고뇌했을 리는 없다. 하지만 곱하기는 여러 번 더하는 것이라는 직관적인 정의를 생각하면서, $a\times0$의 의미를 고민하며 그 결과가 결코 0이 아닌 것 같다고 어렴풋하게 번민하고 있었다는 것은 분명하다. 아무리 생각해도 0이 아닌 것 같은데 선생님과 친구들은 너무나 당연히 0이라고 합창을 해대니, 마음속의 불편함, 이질감이 점차로 커져간 것이다.

하지만 $a\times0$이 0이라는 결과를 부정하거나 문제를 제기할 용기는 없었다. 어른이 하는 말에 이의를 제기할 수 없었던 1970년대 시대 상황은 둘째 치고, 내 성격상 그런 일은 할 수 없었다. 스스로 아니라는 직관이 들어도 주변에서 여러 사람(특히 선생님 같은 권위 있는 사람)이 옳다고 하면 내 생각을 접고 남의 의견을 따라가는 성격이었으니까 말이다.

이와 관련해서 생각나는 이야기가 있다. 그날은 5학년 가을 운동회 날이라, 하루 종일 다채로운 행사가 열렸다. 학부모들은 좁은 운동장 가장자리에 돗자리를 펴고 앉아서 집에서 정성스레 만들어 온 음식이 가득 들어 있는, 자개로 된 3단 도시락을 펼쳐놓고 자녀들과 즐거운 시간을 만끽하고 있었다.

푸른(靑) 가을하늘에 떠 있는 새하얀(白) 구름의 이미지에서 따온 것일까. 전교생이 청군과 백군으로 나뉘어 최종 점수를 합산해가며 종목별 경쟁을 하루 종일 벌였다. 학생들의 춤과 집단 체조, 계주, 구기 종목이 끝나고, 점심을 먹은 후에 선생님과 학부모의 연합팀 계주 시합이 진행되었다. 우리는 운동장을 둘러서서 응원을 준비하고 있었다. 이 경기는 학부모와 교사의 연합, 남성과 여성의 연합팀 간 계주였기 때문에 가장 재미있는 운동회의 하이라이트였다.

우리 담임이었던 박 선생님(당시 30대인 여선생님)도 출전했기 때문에, 대열에서 빠져나와 매점 구석에서 컵라면을 사 먹고 있던(우리나라에 출시된 직후였는데 300원이라는 비싼 가격이었다) 나도 소식을 듣고 구경하러 나왔다. 박 선생님은 자그마한 몸집에 뿔테 안경을 쓰고 경상북도 사투리를 차분하게 구사하는 분이었지만, 엄청난 분량의 숙제와 매질로 아이들이 학교에서 가장 무서워하는 선생님 중 한 명이었다. 그렇게 무서운 선생님이 학부모들과 함께 계주를 한다는 사실은 그 자체로 구경거리였던 것이다. 선생님의 복장은 정확히 기억나지 않지만, 챙이 넓은 모자를 쓰고 있었던 것은 분명히 기억난다.

선생님은 어울리지도 않고 달리기에 적합하지도 않은 모자를 머리에 얹은 채, 출발선에서 몸을 풀고 있었다. 숙제를 안 해 왔다든가 수업 시간에 딴짓을 한다는 이유로 거의 매일 선생님께 혼나곤 했지만, 나는 선생님이 멋지게 승리하길 기원하고 있었다. 선생님은 독한 분이니 혹여 지더라도 만만하게 당하지는 않을 것이라 믿어 의심치 않았던 것이다(좋은 뜻이다).

군인 출신으로 운동장에서 아이들에게 멋있게 경례하는 법을 열심히 가르쳤던 몸집이 자그마한 선생님이 딱총을 쏘면서 계주가 시작되었다. 선생님들 중에는 달리기 선수 출신인 꺽다리가 있어서 황새처럼 천천히 달려가며 나머지 선수들을 조롱하는 여유를 보여주었지만, 다른 팀 학부모 중에서 엄청 빠른 사람이 등장하는 바람에 역전되었다. 하지만 몇 바퀴를 돈 후 어떤 어머니 한 분이 다시 반전을 일으켜 재역전되었다.

우리는 손에 땀을 쥐며 박 선생님의 이름을 외쳤다. 선생님은 마지막에서 두세 번째 주자였다. 바통이 전해지고, 선생님은 말로는 표현하기 힘든 특이한 자세로 열심히 달리기 시작했다. 10여 미터 달리던 선생님은 뒤처지기 시작하자 모자를 벗어서 들고 뛰었다. (무슨 차이가 있단 말인가?) 난 이미 예상하고 있었기에 놀라지는 않았다.

앞선 선수들과 계속 차이가 벌어지고 있었지만, 우리의 응원 소리는 그만큼 커졌다. 운동장을 둘러싼 우리의 함성은 더 이상 승리를 향한 것이 아니었다. 우리는 담임이신 호랑이 선생님의 멋진 파이팅, 오직 그것을 바란 것이다. 푸르디푸른 가을하늘 아래 학부모와 학생의 함성으로 운동장은 터져나갈 듯했다. 그때였다. 나는 그 순간을 영원히 못 잊을 것이다.

선생님은 전속력으로 운동장을 횡단했다.

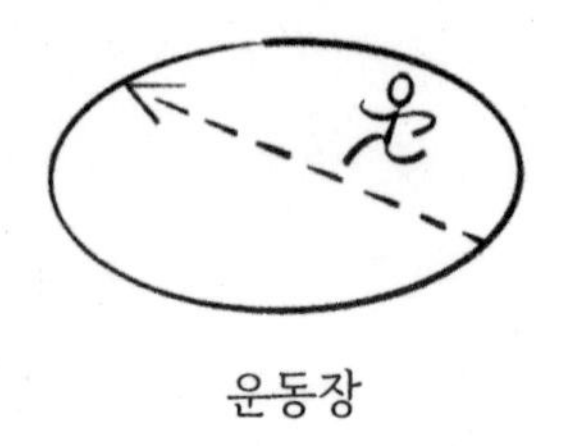

운동장

교사와 학생, 학부모 들이 지켜보고 있는 가운데 일어난 일이었다. 모두의 눈앞에서 운동장을 멋있게 가로질러서 자신을 제쳤던 선수를 앞지르는 데 성공한 선생님은 환한 얼굴로 그다음 주자에게 바통을 넘겼다. 아무도 선생님을 제지하지 않았고, 누구도 화를 내지 않았다.

나는 계주 시합이 끝난 후 운동장을 천천히 돌아서 본관 건물 뒤쪽으로 갔다. 놀고 있는 아이들 몇 명이 있어서, 같이 어울려 제기차기와 피구 같은 것을 했다. 그 순간, 내 가슴속에 움텄던 느낌은 '어떤 수에 0을 곱하면 항상 0'이라는 결과를 일방적으로 받아들여야 하는 산수 시간에 느꼈던 감정과 크게 다르지 않았다. 나는 이해할 수 없지만, 다른 모두가 인정하고 받아들이는 해법.

"잠깐! $a \times 0$이 0이라는 사실과 담임선생님의 반칙이 어째서 같단 말인가? 전자는 어쨌든 옳은 것이고 후자는 잘못된 것인데, 이유를 알려주지 않았다고 해서 옳은 것이 틀린 것이 될 수는 없으니, 둘은 전혀 다른 두 사건이다"라고 말할 수 있다. 일리 있는 주장이다. 내가 말하고 싶은 것은, 과정을 생략하고 결과를 강조함으로써 느끼는 정신적 혼란이 닮았다는 것이다. 두 사건은 분명히 다르지만, 과정의 정당성에 대한 고려가 없다는 공통점이 있다.

어떤 수에 0을 곱하는 것($a \times 0$)이 가진 이미지와 직관적 느낌에 대한 전달 없이 일방적으로 그 결과를 학생들에게 선언하는 것은(그 결과값이 얼마인지는 그리 중요하지 않다), 승리라는 목표를 향해 운동장을 가로지르는 것과 전혀 다를 바가 없다고 나는 생각한다. 그날 운동장은 그 자체로 거대한 교실이었다. 그 교실에서 선생님은 원하는 결과를 얻기 위해 과정을 무시하라는 교훈을 모두에게 극적으로 가르쳐주었다.

그냥 웃고 넘어갈 만한 사소한 에피소드를 너무 부풀려 생각하는 것 아니냐고 말할지도 모르겠다. 그랬다면 모두가 한바탕 웃고 난 후, 우리의 담임이었던 박 선생님이 속한 팀은 실격되었어야 한다. 하지만 그런 일은 없었다.

이후 박 선생님은 2005년에 은사를 찾는 TV 프로그램에 잠깐 나오기도 했는데, 나이가 많이 드신 모습이었지만 넓은 이마와 경상북도 사투리 그리고 웃을 때 드러나는 날카로운 눈매는 여전했다. TV 채널을 돌리던 나는 선생님의 얼굴을 화면에서 보는 순간, 단박에 수십 년 전 그날로 돌아가 비명을 질렀다. 그것은 잠시 잊고 있었던, 하지만 가슴속 깊은 곳에서 늘 나와 함께하고 있었던 그리움과 외로움이었다.

이제 다시 한번 질문해보자.

$a \times 0$이 0이 되는 이유가 도대체 뭘까?

나는 이 문제를 마음속에 계속 품고 있었던 것 같다. 고등학교 1학년 시절에 살던 2층 연립주택에서는 내 방 왼쪽 창문 너머로 바닷가가 손에 잡힐 듯이 보였다. 어느 날, 등식 하나를 보다가 어떤 생각이 떠올랐다.

$$a \div 2 = a \times \frac{1}{2}$$

어떤 수에 $\frac{1}{2}$을 곱한다는 것은 그 수를 반으로 나누는 것과 동일한 의미다. 초등학교에서 배운 내용이지만, 이를 다른 관점에서 보는 순간 머릿속에 번개가 스쳤다. 0을 곱한다는 것의 의미를 직관적으로 이해할 수 있는 단서를 얻은 것이다.

어떤 수를 2로 나누면 반으로 쪼개져서 원래보다 크기가 작아진다. 만약 3으로 나눈다면 더 작아지며, 10으로 나눈다면 더욱 작아질 것이다. 현실적인 어려움이 있겠지만 1억으로 나눈다면 티끌만큼 작아질 게 분명하다.

$$a \times \frac{1}{3} = a \div 3$$
$$\vdots$$
$$a \times \frac{1}{10} = a \div 10$$
$$\vdots$$
$$a \times \frac{1}{100} = a \div 100$$
$$\vdots$$
$$\vdots$$
$$a \times \frac{1}{100000000} = a \div 100000000$$
$$\vdots$$

결국 작은 수를 곱한다는 것은 그 작은 정도만큼 큰 수(역수)로 나눈다는 의미다. 따라서 어떤 수에 0을 곱한다는 것은 그 수를 그야말로 엄청나게 큰 수로 나눈다는 의미가 되며, 결과는 티끌보다 작은(0과 다름없는) 수가 될 것이다.

곱셈과 나눗셈의 역연산 관계에 나름의 '의미'를 부여하는 순간, 그동안 이해할 수 없었던 곱하기 0의 직관적 의미가 내 머릿속에 그려졌고 $a \times 0$의 결과가 0이라는 사실이 의심할 바 없이 옳다고 '느껴졌다'. 나는 너무도 기뻐서 방을 나와 동네 한 바퀴를 돌았다. (신나서 나가는 내게 어머니는 등유를 사 오라고 했다.)

앤드류 와일즈가 페르마 정리를 증명하는 데 10년이 넘게 걸린 것처럼, 나는 등식 $a \times 0 = 0$을 내 나름의 방식으로 '증명'하는 데 약 7년이 걸렸다.

결론 : $a \times 0 = 0 \times a = 0$

크기를 가진 두 수의 곱셈에서 순서가 교환될 수 있다는 것($a \times b = b \times a$)은 도형을 통해서 직관적으로 쉽게 이해할 수 있다.

하지만 두 수(a, b) 중 하나가 0이 되면 더 이상 직관이 작동하지 않게 된다. 그림을 그릴 수 없기 때문이다. 대수적으로 해결할 수밖에 없는 이 문제를 나는 곱셈과 나눗셈의 역연산 관계에 의존하여 해결했다. 사실 그때 내가 증명한 것은 엄밀한 의미에서 $a \times 0 = 0$이 아니라 '$a \times 0$에 한없이 가까운 수 = 0에 한없이 가까운 수'였다. 이는 근사적 추정이며 완벽한 해결이라고는 볼 수 없지만, 결과가 0으로 귀결될 수밖에 없다는 직관을 얻은 것으로 만족했다.

지금도 그렇지만 나는 추상적 논리보다 구체적 느낌을 중시한다. 형식적으로 빈틈이 없지만 의미와 발견 과정이 보이지 않는 완벽한 증명보다는, 불완전하더라도 생각의 발전 과정과 직관적 의미가 담겨 있는 증명을 선호한다.

몇 주 후에 생일 파티를 하는 날, 나는 우리 집에 놀러 온 친구들에게 나의 발견을 조심스럽게 언급했다. 내 발견의 정당성을 인정받고 싶었던 것 같다. 생각보다 반응이 폭발적이지는 않았지만, 고개를 끄덕이는 분위기였다고 기억한다. 어쩌면 그날 어머니가 만들어준 엄청난 양의 탕수육 때문이었을 수도 있다. 저녁을 먹고 집을 나와 7명이 함께 해변가에 있던 동전 야구장으로 내려가던 길이었다. 지금은 공무원이 된, 키가 작은 오모 군이 옆에서 걸어가던 내게 슬쩍 말했다.

"나는 지금까지 $a\times 0$하고 $0\times a$가 의미가 다르다는 생각을 한 번도 한 적이 없었는데, 네 이야기를 듣고 보니까 정말 그렇더라. 오늘 한 수 배웠다."

오 군은 또래답지 않게 의젓했지만, 수학에 콤플렉스가 있어서 시험 시간에 문제지를 받으면 눈을 감고 심호흡한 후 실눈을 뜨면서 문제를 쳐다볼 만큼 소심한 녀석이었다. 오 군의 말은 내게 하는 말인 동시에, 누구보다 수학을 열심히 공부하지만 점수가 나오지 않는 자신에게 건네는 위로이기도 했을 것이다.

어쨌건 이 작은 경험은 나의 삶에서 중요한 전환점이 되었다. 아무리 사소해 보이는 의문, 심지어 주변 사람들이 신경 쓰지 않는 문제라도 내가 궁금하다면 내게는 의미 있는 문제라는 사실을 깨달았다. 나의 문제를 내 힘으로 해결한 순간의 유쾌함은 이루 말할 수 없을 만큼 크며, 그 크기만큼 자존감이 형성된다는 사실을 말이다.

열심히 고민하다가 드디어 문제를 해결했는데, 나중에 알고 보니 틀린 경우가 있다. 즉, 해결했다고 착각한 것이다. 하지만 우리의 뇌는 틀린 생각을 하는 과정에서도 새로운 회로를 만들어간다. 성장하는 것이다. 그러니 정답이 아니면 가치가 없다고 생각해서는 안 된다. 자신의 힘으로 스스로 문제를 찾고 해결해보는 경험, 그것이 중요하다. 이 과정에서 형성된 자존감은 어려움을 헤쳐갈 수 있는 전투력으로 기능한다. 사람은 문제를 해결해가면서 자신만의 스타일과 깊이를 만들어간다.

04

2016년 4월의 어느 날, 한 학생이 내게 상담을 요청했다. 교무실에 다른 볼일로 왔다가 내 책상 옆에 수학 클리닉 센터라고 쓰인 마분지 보드가 걸려 있는 것을 본 모양이었다. 수능을 몇 개월 앞둔 고3 학생(편의상 S라고 하자)이었다. 일주일에 두 시간씩 나에게 미적분 수업을 듣는 학생이었지만, 따로 상담을 한 적은 없었다. 수학 성적이 안 나와서 걱정이라는 평범한 말로 상담은 시작되었다.

"국어와 영어는 평균 1.5등급이고요. 윤리와 세계사는 둘 다 1등급이거든요."

상당히 좋은 성적이었다.

"그럼 수학은 몇 등급 나오니?"

"……."

말없이 앉아 있던 S의 눈에 눈물이 비쳤다. 나는 진정하길 기다렸다.

"3, 4등급 정도 나와요."

"둘 중에 뭐가 더 자주 나오니?"

"……4등급이 더 자주 나와요."

솔직한 학생이었다.

"수학 때문에 속상하겠구나."

S는 고개를 끄덕였다. 클리닉 상담에 동의한 S는 내가 주는 진단 설문지를 그 자리에서 작성했다. 설문지 분석 결과, 전형적인 수학 불안 증세를 가진 학생이었다. S가 가진 고민의 내용은 하나였다.

'수학 점수만 오르면 대학의 간판이 바뀐다.'

나는 S에게 문제 몇 개를 주며 시간 날 때 풀어 오라고 했다. S는 문제를 받아 갔고, 다음 날 방과 후에 풀이를 가지고 왔다. 그래서 S의 풀이를 천천히 살펴보았다. S는 공식을 잘 암기하고 있었고 기본 개념도 어느 정도 알고 있었다.

하지만 난이도가 중상위인 문제에 대해서는, 수치를 임의로 대입한다거나 의미 없는 그림을 그리는 등 버벅댄 흔적이 보였다. S의 풀이는 전평(전국연합학력평가) 4등급의 실력을 고스란히 보여주고 있었다.

"평소에 수학 문제를 풀다가 안 풀리면 어떻게 하니?"

"체크해뒀다가 학원 샘한테 질문해요."

"문제집 뒤쪽에 풀이가 있는데, 그건 안 보니?"

"학원 샘이 풀이는 절대로 보면 안 된대요."

"풀이 보는 거랑 질문해서 풀이를 듣는 거랑 뭐가 다르지?"

"……."

S는 겸연쩍게 웃었다. 나는 S가 가방에서 꺼내놓은 문제집 두 권과 과제물 프린트 더미를 바라보았다. 이 아이에게 수학 공부는 어떤 의미일까?

"1학년 때 내신이 별로라서, 수능 점수로만 뽑는 정시로 가야 해요. 수학만 1등급이면, 아니 2등급만 나와도 신촌에 있는 Y대 영문학과에 갈 수 있어요. 제 꿈이 외교관이거든요."

"부모님은 뭐라고 하셔?"

"엄마가 제일 속상해하세요. 수학을 국어만큼만 받는다면……."

엄마 이야기를 하며 S는 계속 울었다. 그 마음을 알 것 같았다. 매일매일 열심히 공부하는데도 수학 점수가 원하는 만큼 안 나오는 데 대한 속상함, 인생의 목표인 Y대학 영문과에 떨어질지도 모른다는 불안함, 자신을 믿고 지원하는 엄마를 실망시키고 있다는 미안함이 뒤섞인 눈물이었다.

S에게 수학 점수는 자신의 과거와 현재 그리고 미래를 관통하는 인생 성적표였다. 아이는 자신의 비정상적인 수학 점수를 저

주하며 스스로를 말려 죽이고 있었다.

이런 경우 아이에게 가장 해서는 안 되는 말이 "넌 할 수 있어. Y대 영문과 갈 수 있으니까 포기하지 마"와 같은 말이다. S에게 필요한 것은 정서적 위로가 아니라 명확한 인식이었다. 최선의 목표가 아니라 합당한 목표였다. Y대 영문과가 아니라 건강한 하루하루였다.

나는 S에게 국어와 영어 점수가 1등급인 건 당연하고 수학이 4등급인 건 비정상이라는 생각 자체가 잘못이라고 알려주었다. 내 얼굴에서 눈과 귀는 마음에 드는데 코가 마음에 안 든다고 해서 내 코가 아닌 것이 아니듯 말이다.

고3까지 열심히 했는데 4등급이면 그것이 나의 재능이며 나의 최선이다. 국어와 영어가 1등급인 것처럼 말이다.

"국어, 영어, 사회 과목의 점수가 이렇게 항상 유지되는 것도 드문 케이스야. 재능과 노력의 결과라고 생각해. 그렇다고 수학을 못하는 것도 아니야. 3, 4등급이 받기 쉬운 등급은 아니잖아?"

"……."

"물론 전 과목이 모두 1등급인 아이도 있을 거야. 타고난 학습 유전자가 좋아서 그럴 수도 있겠지. 하지만 그 아이대로 성적이 아닌 부분에서 다른 문제가 있을 수 있어. 예를 들면 뒷머리가 못생겼다든가, 아니면 노래를 진짜 못 부른다든가 말이야. 그렇지만 그건 그 아이의 문제란다. 너와 아무 상관 없어."

"……."

"그까짓 수학 1등급 따위 신경 쓰지 말자고. 너의 목표는 3등급이면 충분해."

아이의 눈꼬리가 올라가며 입이 조금 벌어졌다.

"대신에 국어, 영어, 윤리, 세계사 점수를 최대한 끌어올려서 전체 점수를 올리는 거야. 네 과목 모두 100점 받기는 어렵겠지만, 최대한 근접할 수 있도록 말이지."

나의 목표는 분명했다. 그것은 S가 자신에게 수학 공부의 의미를 새롭게 부여하도록 도와주는 일이었다. 다른 누구도 아닌 본인에게 의미 있는 목표 말이다. S의 얼굴에 희망과 불안이 교차하고 있었다. 한참을 생각하던 S는 내 얼굴을 똑바로 쳐다보며 물었다. 아까보다 목소리가 커졌다.

"선생님, 그렇게 해도 Y대 입학이 가능할까요?"

"될 수도 있고, 안 될 수도 있어."

"……."

"넌 Y대학 영문과에 합격하려고 태어난 게 아니야. 누구도 특정한 대학에 합격하려고 태어나지 않았어. 물론 결과가 나올 때까지는 목표를 잡고 열심히 공부하는 게 옳지. 하지만 결과가 나오면 또 그 상황에서 최선을 다하면 된단다. 스스로에게 떳떳한 게 중요해. 다시 한번 말하지만, 넌 Y대학에 합격하려고 태어난 게 아니야. Y대학 영문과 따위가 네 인생의 가치를 결정하진 못해, 절대로."

내 이야기를 들으며 S의 얼굴이 조금씩 풀어졌다. 나는 아이를 묶고 있는 수학 1등급이라는 억압의 사슬을 풀어주는 역할에 충실했다. 두 번의 만남 후, 우리는 큰 틀에서 공감대를 이룰 수 있었다.

S가 돌아간 후, 나는 아이의 어머니에게 연락했다. 아이의 수학 공부에 가장 큰 영향을 미치는 사람은 내가 아니라 어머니이기 때문이다. 아이의 어머니는 절절했고, 나 또한 절실했다. 하지만 초반에 힘들었던 우리의 대화도 아이의 삶에 대한 전반적인 정보를 공유하면서 바늘만큼의 빈틈이 들어갈 여유를 만들어내었다.

그해 11월에 본 수능에서 S는 그토록 원하던 수학 3등급을 받는 데 성공했다. 수능 다음 날, 복도를 걷고 있는 내게 웃으며 달려오던 S의 환한 미소에는 그 옛날 혼자 힘으로 $a \times 0 = 0$을 증명했던 내 모습이 들어 있었다.

05

"들고 다니다가 시간 날 때 봐라."

어머니가 내 손에 들려준 것은 커다란 판형의 만화책이었다. 그것은 영어로 된 만화책이었다. 어머니는 중학교에 올라가기 전에 내 영어 실력을 미리 높여놓아야 한다는 생각을 가지고 있었다. 그러나 시집살이와 집안일에 시달리던 어머니에게 성문 영어 시리즈나 정철 중학 영어는 어렵고 먼 세계였다.

그러던 어느 날, 전화국에 근무하는 이모를 만나러 시내에 나갔다가 버스를 타고 들어오는 어머니의 눈에 '교육적'인 영어책이 들어왔다. 외판원의 손에 들린 영어 만화책이었다.

이웃집에 놀러 갔다가 우연히 펼쳐본 일본 소설《대망》을 빌려와서 매일 한 권씩 읽어치울 만큼 집중력이 좋았던 어머니는 만화책을 빼앗듯이 받아서 한번에 훑은 후(물론 그림 위주로) 즉석에서 그 책을 구입했다. 늘 고민하던 문제의 해답을 버스 안에서 운 좋게 찾아냈다는 기쁨이 책 구입에 긍정적인 영향을 끼쳤을 것이다.

주인공 남매가 겪는 일상적 일로 구성된 영어 만화책은 재미있었다. '어머니와 영어'라는 어울리지 않는 주제를 연결할 수 있는 추억거리라는 점에서 나에게는 고마운 책이기도 했다. 그 책은 나중에 이사하는 과정에서 다른 책들과 함께 헌책 상인에게 넘어갔다. 책을 넘긴 장본인은 물론 어머니였다.

영어 만화책이 시들해질 무렵, 아버지가 안방으로 불렀다. 나는 긴장하며 아버지 앞에 앉았다. 아버지 손에는 얇은 책 한 권이 들려 있었다.

"받아라."

"……."

노란색 표지 아래쪽에 김홍석이라는 이름이 큼지막하게 쓰여 있었다. 책은 깨끗한 상태였다. 아버지는 물을 천천히 들이켠 후 말을 이었다.

"책 뒤에 함 열어봐라."

뒤쪽을 열자, 중학교 1학년 수준에 맞는 영어 단어들이 알파벳 순으로 한글 뜻과 함께 나열되어 있었다.

"한 달 줄 테니까 다 외워라."

A부터 Z까지……. 머리가 아팠다.

부모님이 이렇게 내 영어 실력 향상에 열을 올린 이유는 삼촌

때문이었다. 삼촌은 우리 집안에서 특별한 존재였다. 3류 대학 출신이라는 한계에도 불구하고 대기업에 취업했을 뿐 아니라, 해외에 나가기가 하늘의 별 따기였던 1970년대에 해외 지점으로 발령받아 성공을 거둔 사람이기 때문이다. 할머니 입장에서는 자랑스러운 정도가 아니라 존경스러운 아들이었을 것이다.

할머니는 공부도 곧잘 하고 상대적으로 말을 잘 들었던 당신의 큰아들(내 아버지)이 은행에 입사하자 기뻐하셨다. 그렇지만 그 아들이 찢어지게 가난한 함경도 흥남의 실향민 가족의 맏딸을 신부로 맞이하자, 속이 상했던 것 같다.

내가 아주 어릴 때, 아버지가 낮에 집으로 전화해서 어머니를 회사 근처로 나오라고 했다. 할머니 눈을 피해 시내에서 영화를 보자고 한 것인데, 눈치 빠른 할머니는 어머니가 통화하는 사이에 어머니의 외출용 구두를 감추어버렸다. 결과적으로 어머니의 외출은 실패로 끝났지만, 이 사건은 내 마음속에는 따뜻한 에피소드로 남아 있다. 한때 금슬이 좋았던 어머니와 아버지의 달콤한 연애 시절을 보는 것 같기 때문이다.

아무튼, 공부도 못했고 딱히 인물이 좋은 것도 아니었던 삼촌에게는 강력한 무기가 있었다. 그것은 영어였다. 삼촌은 영어 실력자였던 것이다. 삼촌이 어떤 계기로 영어에 관심을 가지게 되었는지는 모른다. 하지만 어느 시점에 삼촌은 영어에 인생을 쏟아부었다.

다니던 대학이 서울 근교에 있었기 때문에, 삼촌은 토요일에 본가가 있는 부산에 왔다가 일요일에 다시 서울로 돌아가는 생활을 몇 년간 반복했다. 좌석표를 살 여유가 없었기에 입석으로 오갔다. 매주 토요일에 6시간 이상 기차를 서서 타고 내려왔다가, 하룻밤 자고 다시 입석으로 올라갈 만큼 삼촌이 가족을 그리워한 것은 아니다. 진짜 목적은 다른 데 있었다.

1970년대 한국에는 외국인이 지금처럼 많지 않았다. 길거리에서 파란 눈의 외국인을 보면 신기해하던 시절이었다. 대학에 다녀도 마찬가지였다. 어학연수로 한국에 오는 영어권 학생들이 몇 되지 않았기 때문이다. 어쩌다 운 좋게 외국인과 대화할 기회가 생겨도, 그 만남을 지속하는 것은 또 다른 문제였다.

그래서 삼촌이 생각해낸 방법은 '기차 털이'였다. 경부선 기차 안에는 외국인 관광객이 몇 명은 있을 것이고, 내릴 때까지 몇 시간은 대화를 나눌 수 있을 것이라는 참신한 생각을 떠올렸던 것이다.

삼촌은 부산으로 내려가는 기차 객석을 훑다가 외국인을 만나면 내릴 때까지 계속 말을 걸었다. 입석이라 자유롭게 기차 내부를 왔다 갔다 할 수 있었고, 부산이 종점이니 원어민들과 몇 시간이고 대화를 할 수 있었다.

삼촌은 저녁 늦게 집에 도착해서 잠을 청하고, 다음 날 서울로 돌아가면서 다시 기차 털이를 하는 방식으로 원어민과 회화를 할 수 있는 기회를 만들어냈다. 삼촌은 이렇게 피땀 흘려 달성한 영어 회화 능력으로 명문대 출신들을 주로 채용한다는 굴지의 대기업에 당당히 합격할 수 있었을 뿐더러, 해외 근무까지 따냈던 것이다.

삼촌의 성공은 나름 성공한 은행원이자 자부심이 강했던 아버지가 중학교 1학년 영어 교과서를 손수 구해 오게 하는 동기가 되었다(김홍석은 내 친구 상훈이의 큰형 이름이었다). 나는 하루에 알파벳 한 꼭지씩, 26일 동안 암기하기로 구체적인 계획을 세웠다. 하지만 맥락도 없고 동기도 부족한 상황에서 무작정 영어 단어를 외우는 건 죽을 맛이었다.

약속했던 한 달이 지났다. 그런데 아버지는 단어 검사를 할 수 없었다. 아버지를 보증인으로 은행에서 대출을 받았던 지인이 야반도주를 하는 바람에, 아버지가 그 빚을 모두 떠안게 된 것이다. 우리 가족은 해변에 있는 연립주택 2층으로 이사를 갔다. 몇 달을 시체처럼 지내던 아버지는 10년 이상 다니던 은행을 그만두고 보험회사로 이직했다. 퇴직금과 대출로 빚을 갚은 아버지는 운전면허를 딴 후, 중고 승용차를 한 대 구입하여 영업에 나섰다. 어머니는 즐기던 맥스웰 커피마저 줄여야 했다.

우리 집 경제가 회복될 때까지는 많은 시간이 걸렸는데, 아이러니하게도 그 기간 동안 나는 암기 지옥에서 해방될 수 있었다. 그 당시, 용돈을 모아 해문출판사의 미스터리 소설을 사는 것이 내게는 중요한 관심사였다. 부모님의 길고 긴 절치부심의 세월 동안, 철없는 장남은 자유를 만끽하며 여유롭게 시간을 보냈다. 이 사실은 부모님에 대한 미안함으로 마음속 깊은 곳에 남아 있었다. 중1 겨울방학에 내 키는 10센티미터 이상 자랐다.

중2 영어 선생님은 시대를 앞서나가는 수업을 했다. 이른바 영어 전용 수업이었다. 수업 시간 내내 영어로 진행했다. 물론 본인이 영어로 말하고 바로 번역을 해가며 수업을 진행했으니 진정한 의미에서 영어 전용이라 말하기는 어렵겠지만, 그 당시에는 흔치 않은 일이었다. 예를 들면 이런 식이었다.

Oh, today I'm so happy.

음, 오늘 기분이 아주 좋아요.

Because the weather is fine.

날씨가 화창하거든요.

Um…… I had a headache last night,

흠, 사실 어젯밤에 두통이 있어서

so I had to go to hospital.

병원에 가야 했어요.

But you did well at final examination

하지만 여러분들이 기말시험을 잘 봤고

and summer vacation is near,

또 곧 방학이니까

so I was soon recovered.

금방 나아지더군요.

Well, today is…… where is number twelve? Stand up, please!

그럼, 오늘이…… 12번 일어나볼까?

(일동 침묵)

영어 담당이었던 강 선생님이 느닷없이 영어 전용 수업을 시작한 1차적인 이유는 본인의 회화 실력을 유지하기 위해서였다고 생각한다. 두 번째는 우리들에게 문장 구조와 새로운 단어에 익숙해질 기회를 주기 위해서였을 것이다.

당시 영어 교과서는 간단한 대화(Dialogue)와 주제를 담은 본문(Text) 그리고 마지막에 단어 정리(New words) 및 연습 문제(Exercise)로 한 단원이 구성된 간단한 구조였다.

기말고사를 몇 주 앞둔 어느 날 오후였다. 수업이 시작되자마자, 선생님이 진지한 얼굴로 우리에게 제안했다. 기말시험 범위에 속하는 교과서 한 단원의 본문 내용을 모두 암기하면 만점을 주겠다는 것이었다. 시험 점수와는 무관하게 말이다.

지금 이런 이야기를 들으면 말도 안 된다고 웃겠지만, 예전에는 이런 여유가 있었다. 암기해야 할 내용은 교과서로 다섯 페이지 분량이었다. 이 테스트에는, 영어는 언어니까 시험문제를 잘 푸는 것보다 문장을 많이 외우는 것이 훨씬 가치 있다는 의미가 내포되어 있었다.

친구들은 영어 책을 외울 생각은 아예 하지 않았다. 나도 마찬가지였다. 차라리 국민교육헌장을 외우라고 하지. 당시 영어 교과서 다섯 페이지를 외우는 건 현실적이지 않았다(그랬기에 선생님이 만점을 걸었을 것이다). 영어의 권위가 지금과 달랐기에 가능했던 일이다. 하지만 한편으로 이상한 생각도 들었다. 영어 문장 암기가 시험보다 중요하다면 그것으로 시험을 대신하면 될 텐데, 왜 시험은 시험대로 보고 교과서는 그와 별도로 암기하라고 할까? 학교를 마치고 집으로 가는 내 머릿속에는 전교생이 앉아서 영어 교과서를 암기하는 장면이 그려졌다. 지옥도가 따로 없었다. 나는 고개를 절레절레 흔들었다.

며칠 후, 나는 한 손으로 오렌지색 요요를 가지고 놀며 버스 정류장 쪽으로 걸어가고 있었다. 버스 정류장은 학교 후문 쪽에 있는 미군 부대 건너편에 있었다. 부대 옆에 있는 큰 가게를 지나는데, 유리 벽에 포스터가 대문짝만 하게 붙어 있었다. 전국요요경연대회. 아이들 몇 명이 요요를 던지며 웃는 총천연색의 커다란 사진이었다. 나는 나름 요요에 일가견이 있었다. 참가해볼까? 날짜는 일요일이었고, 참가비도 없었다. 그런데 장소가 바로 그 가

게였다! '전국'대회치고는 심히 소박한 장소여서, 참가할지 말지 심각하게 고민하던 내 마음을 붙잡고 있었다. 같이 갈 한 놈만 있으면 덜 쪽팔릴 텐데.

그때 누군가 날 부르는 소리가 들렸다. 요요를 잡으며 몸을 돌렸다. 강 선생님이 하얀 양산을 좌우로 흔들며 다가오고 있었다.

"여기서 버스 타니?"

"예."

날 물끄러미 바라보던 선생님이 웃었다.

"그래, 우석이 집이 바닷가였지. 83번 종점."

당시는 가정방문이 있었다. 그래서 강 선생님은 내 담임이던 그 전해 3월의 어느 날, 학교 업무를 마치고 83번 버스를 타고 광안리 끄트머리에 있는 우리 집에 가정방문을 했다. 난 어머니의 명령으로 버스 정류장까지 선생님을 마중 나갔다.

83번과 41번만 서는 조그만 버스 정류장은 바닷가에서 걸어서 1분도 되지 않는 거리에 있었기 때문에, 정류장 한가운데 서 있으면 푸른 바다가 손에 잡힐 듯이 보였다.

선생님은 버스에서 내리자마자, 바닷가에 살아서 정말 좋겠다며 부러운 눈빛으로 폭포처럼 말을 쏟았다. 심지어 해변가로 나를 끌고 가서 해산물을 여러 봉지 사들고 집으로 향했던 것이다. 매일 한 시간 넘게 버스를 타고 다니는 나를 보고 부럽다니. 그렇지만 난 선생님의 이런 발랄함이 좋았다.

나는 두 손 가득 해산물 봉지를 들고 선생님을 집까지 안내하며, 어머니가 가끔 전화로 우동을 주문하는 중국집부터 단골 만화방, 시끄러운 개와 정신병자가 함께 사는 위험한 집까지 시시콜콜 설명해주었다. 평소에는 말이 없는 편이었지만, 분위기를 타면 누구보다 말이 많은 달변가이기도 했으니까. 제일 비싼 해삼 봉지를 품에 안고 가던 선생님은 재미있다는 표정으로 내 이야기를 들었다.

그날 선생님이 사 온 엄청난 양의 해산물은 우리 셋이 모두 해치웠다. 선생님은 작은 몸집에 갸름한 얼굴이었지만 엄청난 대식가였다. 선생님의 이런 반전 매력이 좋았다.

"2학년 생활은 어때? 얼굴 보니 잘 해내고 있는 것 같은데."

"……."

나는 말없이 고개를 끄덕였다. 선생님은 양산을 접어 가방에 넣었다. 나도 요요대회에 출전하려는 마음을 접었다. 선생님께 들켰다는 생각이 들었기 때문이었다. 같이 갈 놈도 없을 것 같고.

"요즘도 축구 열심히 하지?"

"?"

강 선생님이 내 담임을 맡았던 중1 때 나의 업적을 굳이 말한다면 교내 체육대회 축구 우승이었다. 우리 반 11명은 예선과 본선을 거쳐 최종 우승까지 한 번의 패배도 없이 완벽한 승리를 이어갔다. 결승전을 제외한 모든 경기가 방과 후에 빈 운동장에서 쓸

쓸하게 진행되었지만, 강 선생님은 우리가 경기를 할 때마다 굽이 높은 슬리퍼를 신고 운동장 끝에 서서 응원해주었다.

"예, 점심시간에요."

내 입가에 미소가 떠올랐다. 나는 수비수였기 때문에 골을 기록하지는 못했지만, 상대방을 집요하게 따라다니며 공을 회수해 우리 편에게 패스해주는 능력이 탁월했다. 준결승전에서 상대편 공을 뺏어 최전방에 나가 있는 공격수(상습적인 도시락 반찬 절도범이었다)에게 길게 어시스트했는데, 그게 결승골이 되었다. 나는 지금도 그 골은 내가 넣은 거라고 생각한다.

선생님은 축구도 공부와 똑같은 능력이니 좋다, 훌륭하다고 말해줬다. 물론 성적이 조금만 오르면 더 좋겠다는 말을 덧붙이긴 했지만 말이다.

난 강 선생님을 좋아했다. 이국적인 외모(아직도 내 기억 속에 선생님의 눈동자는 옅은 하늘색이다), 독특한 수업, 누나 같은 따뜻함과 형 같은 터프함이 함께해서 매력적이었다. 학생들을 야단칠 때는 이유를 하나하나 말해주며 엄하게 타일렀지만, 가정방문 때 우리 엄마와 같이 해산물 파티를 하며 자신의 남편을 흉보는 인간적인 면모도 있었다.

부모님에 대한 마음속 죄의식을 강 선생님이 건드린 것이었을까. 버스가 종점인 해변에 도착했을 때, 나는 결심했다. 영어 본문을 모조리 외워서 만점을 받을 테다.

시험 전날까지 암기를 끝내겠다고 마음먹고 페이지의 행을 모두 세어보니, 하루에 다섯 줄 정도만 암기하면 되었다. 하지만 그리 단순한 일만은 아니었다. 첫날 다섯 줄, 둘째 날 열 줄, 셋째 날 열다섯 줄……. 누적되는 문장의 수가 산술급수적으로 늘어났다. 전체 이야기의 논리와 흐름을 디테일하게 알지 못하면 암기는 불가능했다. 그제야 나는 시험 점수와 무관하게 만점을 주는 이유를 확실히 이해할 수 있었다.

대책이 필요했다. 일단 우리말로 전체 내용을 구체적으로 알아야 했다. 자습서를 보고 본문 내용의 우리말 번역을 노트에 베껴 적었다. 극지방을 탐험하는 탐험대 이야기였는데, 한 문장씩 써가면서 음미했다. 비극으로 끝나는 마지막 부분이 조금 뭉클하긴 했지만, 전체적으로 재미는 없었다.

눈물을 훔치고 계산하기 시작했다. 상당한 시행착오를 거쳐(내가 문자 기호를 사용할 줄 알았다면 금방 끝났을 계산이다) 한 달 동안 공부할 양이 정해졌다. 나는 아무리 힘들어 보이는 미션이라도 계획과 예측이 정확히 세팅되면 긴 시간을 인내하며 잘 버틸 수 있는 성격이었다. 서면과 광안리를 순환하는 83번 버스 안에서 나는 첫 문장을 외웠다.

그로부터 한 달 뒤. 점심시간이라서 교무실에 사람이 많지는 않았다. 나는 강 선생님 옆에 서서 더듬거리며 영어 문장을 암기했다. 자리에 앉아 도시락을 먹던 우리 담임인 남 선생님은 '설마

저 녀석이?' 하는 표정으로 멀리서 힐끔거렸다. 시험보다도 몇 배 긴장되는 시간이었다. 하지만 나를 맞이하는 강 선생님의 환한 표정 때문에라도 물러설 수 없었다.

결과적으로 우리말 문장을 먼저 암기한 후 영어 문장을 덧씌우는 식으로 암기한 방법은 성공적이었다. 암기하다가 여러 번 막혔지만, 내가 우리말로 해당 문장을 말하자 강 선생님이 영어 번역문의 앞부분을 살짝 말해주었던 덕도 있다. 사투 끝에 겨우 통과했다. 마지막 문장이 끝나자, 강 선생님은 고개를 끄덕이며 조용히 박수를 쳐주었다.

본문 암기 이후로, 강 선생님은 수업 시간에 나에게 영어로 말을 걸기 시작했다. 교과서의 단원 첫 페이지에 나오는 대화를 그대로 주고받는 것이라 어렵지는 않았지만, 단원이 새로 시작하기 전에 나는 버스 안에서 한 페이지 분량의 영어 대화를 암기해야 했다. 쉽지 않았지만, 내게는 무려 다섯 페이지의 본문 암기라는 업적을 세운 경험이 있었다.

사소한 일로 힘을 쓰고 그로 인해 자존감이 훌쩍 높아지던 단순하고 아름다운 시절이었다.

06

2017년, 쌀쌀한 바람이 불어오기 시작한 어느 가을 날 오후였다. 클리닉을 의뢰한 한 학생과 얼굴을 마주하고 있었다. 내가 담임을 맡고 있었던 H는 누구보다도 명랑한 학생이었고, 교실에서 둘째가라면 서러워할 수다쟁이였다.

"전 정말 열심히 했다고요."

"……."

정말 열심히 했다는 말이 가슴을 찔렀다.

"수학은 교과서를 두 번씩 풀고, 국어도 문제집을 다 풀었어요. 시험 전날에는 시간을 정해놓고 수학과 영어 모의 문제까지 풀었다고요."

"노력을 많이 했구나."

H의 목소리가 조금 커졌다.

"그런데 엄마가…… 인정을 안 해요."

"인정을 안 한다니. 성적 말이니, 아니면 노력 말이니?"

아이는 분하다는 듯 입을 앙다문 채 대답했다.

"둘 다요. 아니, 제 존재 자체를 인정 안 해요."

학생들과 여러 번 면담하며 깨달은 사실이 있는데, 감정에 집중하면 정확한 언어가 따라 나온다는 것이다. H는 단번에 문제의 핵심으로 들어갔다.

"1학기는 1학기니까 그럴 수 있다고 생각한 것 같아요. 그런데 2학기 중간고사도 성적이 거의 그대로 나오니까……."

나는 진지한 얼굴로 H를 바라보았다.

"어제, 엄마 아빠하고 아웃백에 갔는데, 전에는 내가 좋아하는 거 막 시켜줬거든요. 그런데 어제는 대충 시키는 거 있죠. 나한테 묻지도 않아요. 알아서 먹으라는 건지."

인간은 사소한 것에 감동하고, 사소한 것에 절망한다.

"그냥 그런 생각이 들어요. 공부 못하면 이렇게 무시해도 되는 건지. 그래도 자기 자식이잖아요?"

아웃백 이야기의 이면에는 일상에서 벌어진 수많은 다른 일이 숨어 있을 터였다.

H의 문제는 엄마의 신뢰가 떨어진 이유가 자신의 '성적' 때문이라고 믿었다는 데 있었다. 정말 그럴 수도 있다. 하지만 아닐 수도 있다. 나는 H가 내놓은 수학 참고서와 문제집 들을 정리하고

는 한 권을 골랐다.

"기말고사 전까지 이 책을 '한 번' 공부해내는 것을 목표로 하자. 기초가 있으니까 다른 책은 안 봐도 돼. 어려운 문제집도 지금 단계에선 필요 없고."

나는 H와 함께 책의 내용을 분석하고 학기 말까지 완수할 수 있는 공부 계획을 세웠다. 이어서 취약한 과목인 국어 과목도 같은 방식으로 계획을 세웠다. 무리하지 않으면서, 아주 만만하지도 않은 정도로 말이다.

약 30분 후, 우리는 계획표를 구성해냈다. H는 눈을 크게 뜨고 물었다.

"이렇게 공부하면 기말에서 점수가 몇 점 올라갈까요?"

"음, 아마 좀 오를 거야. 많이 오를 수도 있고, 어쩌면 기대만큼 오르지 않을 수도 있어."

"?"

"우리의 목표는 점수가 아니야. 계획의 실행 그 자체지. 지금 세운 계획대로 해내면 그 자체로 훌륭하게 목표를 달성한 거라 생각하자고. 기말고사 성적과는 상관없이 말이야."

나는 H에게 제한된 시간에 좀 더 많은 수학 문제를 집중적으로 풀 수 있는 '5분 고민법'(뒤에 설명하겠다)과 노트 작성법을 가르쳐 주었다. 진지하게 내 이야기를 듣는 H의 얼굴에는 성적과 무관한 목표라는 말이 주는 해방감과 불안감이 동시에 새겨져 있었다.

기말고사 후, H는 다시 나를 찾아왔다. 이전보다 편안해진 얼굴이었다. 엄마의 기대치에는 많이 못 미치지만, 성적이 조금, 아주 조금 올랐다고 했다. 그래도 기분이 좋은 이유는 학원에 의지하지 않고 자신의 노력으로 참고서 한 권을 꼼꼼하게 다 본 게 처음이기 때문이라고 했다. 스스로를 대견해하는 사람에게 타인의 비난이 꽂힐 공간은 없다.

H는 특히 국어 공부가 재미있어졌다고 말했다. 다섯 개의 예시문을 분석해서 가장 그럴듯한 답을 찾아 좁혀가는 과정을 경험하면서 생각에 길이 있음을 느꼈다며, 국어도 수학과 비슷한 것 같다고 했다.

목표를 설정하고 노력하며 달성해가는 과정에서 사람은 성장한다. 하지만 자신의 능력을 벗어난 무언가를 원하는 것은 불안으로 이어진다.

어떤 부모가 딸에게 "넌 반드시 ○○대 △△학과에 진학해야 해. 그것만이 제대로 된 목표야. 나머진 다 잊어"라고 말한다면, 나는 그 학생에게 이렇게 조언할 것이다. "부모님은 지금 정신적으로 아픈 상태니까, 부모님 말에 너무 신경 쓰지 말고 스스로 독립할 때까지 최대한 실낱같은 접점이라도 찾아서 생존하렴"이라고 말이다.

부모의 말이라도 모두 존중할 필요는 없다. 세상에는 자녀에게 잘못 행동하는 부모도 꽤 많기 때문이다. 이런 경우 자녀 쪽에서 적극적으로 생존의 길을 찾아야 한다. 그럴 때는 담임교사나 상담 교사에게 상담하는 편이 좋다.

07

중학교에 진학하니 산수는 사라지고 수학이 있었다.* 산수와 수학은 느낌이 상당히 달랐다. 뭔가 전문적으로 느껴졌고, 레벨이 한참 높아 보였다. 산수와 수학의 차이가 무엇인지 궁금해서 어머니에게 물어봤다. 어머니는 조금도 망설이지 않고, 중학교 가면 그냥 수학이라고 부르는 거라고 답했다. 그런 논리라면 고등학교에 가면 또 다른 이름으로 불러야 할 것이다. 하지만 나는 알았다고 대답하고 넘어갔다.

처음 만난 수학 선생님은 무서웠다. 젊은 여선생님이었는데, 매시간 숙제를 내주고 안 해 오면 긴 나무 막대기를 사정없이 휘둘

* 일제강점기에 쓰던 용어라고 해서 지금은 사용하지 않는다. 초등학교부터 수학이다. 그게 옳은지는 잘 모르겠다.

렸다. 필기량도 엄청나서 수업 시간 내내 딴생각을 할 수 없었다.

선생님과 관련해서 기억나는 사건이 하나 있다. 당시 나는 종점에서 종점까지 버스를 타고 등하교를 했기 때문에, 늘 자리가 있어서 앉았다. 수학 선생님은 중간쯤에서 같은 버스를 탔는데, 무서운 선생님과 함께 버스를 타고 가는 건 결코 유쾌한 일이 아니었다.

어느 날, 할머니 한 분이 내 좌석과 바로 뒷좌석 사이에 애매하게 섰다. 평소 같으면 바로 양보했겠지만, 그날 몸이 좋지 않았다. 그래서 내 뒷자리 사람이 양보할 것이라 생각하고 버티고 있었다. 하지만 내 예상과 달리 할머니는 앉지 못하고 계속 서서 갔다. 머리 뒤쪽이 간지러웠다.

혹시나 해서 고개를 뒤로 돌렸는데, 정말로 무서운 눈길과 마주쳤다. 버스 제일 뒷자리 일렬횡대로 늘어선 좌석들 한가운데 앉아 있던 수학 선생님이 입을 꽉 다문 채로 팔짱을 끼고 날 노려보고 있었다. 내가 수학 빵점을 받아도 그런 눈빛은 아니었을 것이다. 나는 벌떡 튀듯이 일어나 할머니에게 자리를 양보했다. 수학 선생님과의 강렬한 추억이다.

그날 이후로 숙제도 착실히 했다. 나쁜 아이로 낙인찍힌 것 같아서 숙제라도 성실히 해서 만회하고 싶었던 것 같다. 어쨌건 할머니에게 자리를 양보하지 않은 건 잘못이니까.

하지만 시간이 흐르고 내가 교사가 되고 나서 생각이 조금 바뀌었다. 할머니에게 자리를 양보하는 것은 절대적인 의무가 아니다. 어린 학생이 할머니보다 더 힘들고 피곤한 날도 있기 때문이다. 그날 버스 안에서 '저 아이가 좀 힘든 모양이구나'라고 좋게 해석하며 선생님이 자리를 양보할 수는 없었을까. 그것이 아이에게 더 좋은 교육이 될 수도 있지 않았을까. 맥락을 배제한 규칙의 일방적인 적용은 인간을 구속할 가능성이 더 크기 때문이다.

그러나 내가 수학에 좀처럼 진입하지 못했던 이유는 무서운 수학 선생님 때문이 아니었다.

일상생활에서 만나는 수학 문제는 대부분 비례식으로 해결된다. 용돈을 모으고 시간에 따른 계획을 짤 때도, 우리는 무의식적으로 비례 관계에 대한 직관을 사용해서 문제를 해결해낸다.

(기초) 한 달에 0.1센티미터씩 키가 크면 10년 후에는 얼마나 자랐을까?

답: 12센티미터 ($\because 0.1 \times 120 = 12$)

(응용) 해문출판사에서 나온 3,500원짜리 추리소설 한 권을 사기 위해서 하루에 150원씩 모으면 며칠 후에 살 수 있을까?

답: 24일 후 ($\because 150 \times 23 + 50 \times 1 = 3{,}500$)

가끔은 이 정도에서 수학이 멈췄으면 좋겠다고 생각한다. 굳이 문자(x)를 사용하지 않아도 해결할 수 있기 때문이다. 나는 수학 교과서에서 문자를 기호로 사용하는 것이 낯설었다.

$$a^2 + b^2 = c^2$$

$$x^2y^3 \div y = x^2y^2$$

$$1 + 4a - 3(a + 2b) - 2(\frac{2}{3}b - a + 1) = 3a - \frac{22}{3}b - 1$$

대부분의 사람이 이런 식을 보면서 이상하다고 느끼지 않는다. 이미 적응되었기 때문이다. 그렇다면 다음 식을 보자.

$$ㅏ^2 + ㄴ^2 = ㄹ^2$$

$$ㄷ^3ㅜ^2 \times ㄷㅜ^3 = ㄷ^4ㅜ^5$$

$$\frac{ㅛ^2 - ㅎ}{ㅅ} = 4(ㄱ + \frac{ㅁ}{3} - ㅊ)$$

사용하는 문자가 한글 자모인가, 알파벳인가의 차이일 뿐, 똑같은 문자 기호식이다. 교과서 페이지마다 가득했던 문자 기호는 수학과 산수의 결정적 차이였다.

$(5 + 4)(5 + 4) = 81$ ← 산수

$(x + y)(x + y) = x^2 + 2xy + y^2$ ← 수학

문자 기호가 가진 의미를 이해하지 못해도, 교과서와 문제집을 풀어보면 어느 정도 성적은 나왔다. 하지만 수학이 재미있다고 느껴지지 않았다.

그러다가 2차방정식의 근의 공식을 배웠다. 수학을 담당하셨던 박 선생님은 이 공식을 기하학적으로 유도했다. 핵심은 $A^2 = B$일 때, $A = \sqrt{B}$라는 것을 이용하여 $x^2 + ax + b = 0$을 $A^2 = B$의 형태로 바꿔주는 것이었다(이 과정에서 $(x+y)^2 = x^2 + 2xy + y^2$이 사용된다). 잘 모르는 대상을 이미 알고 있는 대상으로 변형하는 기술을 보며, 나는 감동했다.

$$x^2 + ax = -b \quad \Leftrightarrow \quad -b =$$

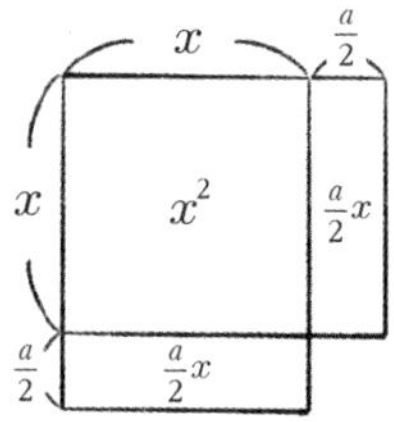

오른쪽 그림처럼 x와 $\frac{a}{2}$를 변의 길이로 갖는 세 개의 사각형을 가정해서 넓이의 합이 $x^2 + ax$가 되도록 만든다. 방정식 $x^2 + ax = -b$는 처음에 시작된 문제 $x^2 + ax + b = 0$에서 도출된 것이다.

$x^2 + ax + (\frac{a}{2})^2 = -b + (\frac{a}{2})^2 \Leftrightarrow$

$(x + \frac{a}{2})^2 = -b + \frac{a^2}{4} \Leftrightarrow -b + (\frac{a}{2})^2 =$

(큰 정사각형의 한 변의 길이)$x + \frac{a}{2} =$

$\pm\sqrt{-b + \frac{a^2}{4}}$ 따라서 $x = \frac{-a \pm \sqrt{a^2 - 4b}}{2}$

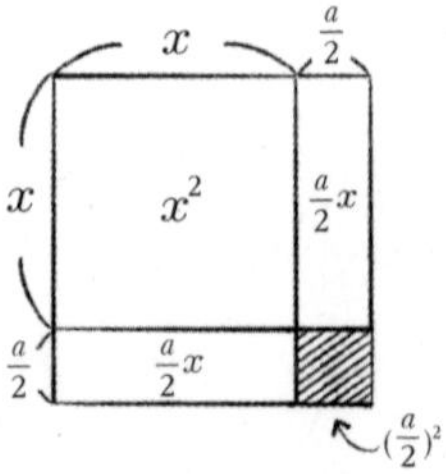

오른쪽 도형에서 빗금 친 부분 $(\frac{a}{2})^2$을 채워주고, 오른쪽 항인 $-b$에도 빗금 친 부분을 똑같이 더해주어 식을 완성한다.

최종 공식을 만들어낸 뒤 선생님은 말했다.

"여러분! 앞으로 어떤 2차방정식이 튀어나와도($x^2 + ax + b = 0$) 방금 구한 공식($x = \frac{-a \pm \sqrt{a^2 - 4b}}{2}$)에 대입하면 항상 답이 나와요. 그러니까 우리는 지금 모든 2차방정식을 푼 거죠. 공식이란 그런 거예요."

근의 공식을 구하는 과정은 개개의 2차방정식을 풀어내는 것이 아니라 모든 2차방정식을 풀어내는 과정이었다. 2차방정식 그 자체를 말이다. 나는 선생님의 활짝 웃는 얼굴을 보며 어렴풋이 문자 기호의 힘을 느꼈다.

국어책에 다음과 같은 문장이 실려 있다고 하자.

어느 날, A와 B가 공원에 산책을 갔다.

A는 지나가는 X를 보며 B에게 말했다.

"저기 X, 귀엽게 생겼다."

B는 A에게 말했다.

"하나도 안 귀여워."

둘은 다투고 공원을 떠났다.

가상의 국어책 속 문장에서 A와 B, X가 각각 무엇을 의미할까?

〈기호적 사고에 익숙하지 못한 사람〉

A: 여자 B: 남자 X: 아기

A: 남자 B: 여자 X: 고양이

⋮

〈기호적 사고에 익숙한 사람〉

A: 여자 B: 남자 X: 아기

A: 남자 B: 여자 X: 고양이

A: 암컷 강아지 B: 수컷 강아지 X: 사람

A: 수컷 귀뚜라미 B: 암컷 바퀴벌레 X: 고양이

⋮

우리는 '강아지'라는 기호를 통해 세상 모든 강아지를 담아낸다. 하지만 X를 통해서는 세상의 '모든 것'을 담아낼 수 있다. 기호는 본질을 파악하고 문제를 해결하는 수단을 넘어서 대상을 보는 관점까지 포괄한다. 기호를 통해 사고할 수 있는 사람은 세상을 훨씬 자유롭게 볼 수 있다.

나는 수학을 배우는 이유가 '논리적'으로 사고하기 위해서라고 생각하지 않는다. 논리는 수학이 아닌 다른 과목에서도 배울 수 있기 때문이다. 역사에도, 윤리에도, 언어에도, 스포츠에도 논리는 흐른다. 하지만 이런 과목은 수학처럼 기호를 사용하지 않는다. 설혹 사용하더라도 부분적으로만 사용하는 데 그친다.

수학은 기호를 다룬다. 다루는 정도가 아니라 수학의 체계 자체가 기호로 되어 있다. 그리고 기호는 모든 것을 담을 수 있다. 모든 것(100%)을 다루는 유일한 과목이 수학이다. 수학은 생각할 수 있는 모든 것 속에 공통으로 존재하는 불변의 무엇을 추구하고 그 과정에서 새로운 관점을 끊임없이 제공하기 때문에, 많은 다른 학문 영역에 응용될 수 있는 것이다.

이것이 내가 대학생이 되어서야 이해한 기호의 의미였다. 우리가 보고 듣고 만지고 느끼는 이 세상, 이 세상 바깥의 저세상, 필요하면 저세상의 바깥까지도 다룬다. 중학생 소년이 문자 기호를 보고 위화감을 느낀 이유는 그 때문이었다.

그래서 기호를 사용하려면 훈련이 필요하다. 어떤 유명한 심리학자는 누구나 만 13~14세가 되면 가설연역적 사고(추상적 사고)

를 할 수 있다고 했지만, 같은 해에 태어난 또 다른 심리학자는 학습자 스스로의 노력으로는 가능하지 않고 교사의 지도에 따라 다양한 사례에 적용하면서 훈련과 시행착오를 통해서만 달성된다고 말했다. 내 경험을 비춰 봐도 후자가 맞는 것 같다.

나에게 기호의 의미를 독특한 방식으로 가르쳐준 사람이 있다. 내가 중3 때, 새로 부임해 온 오 선생님은 음악실에서 첫 수업을 했다. 아직 쌀쌀한 기운이 도는 3월 초였다.

첫 만남에서 선생님은 우리더러 '애국가'를 부르자고 했다. 앞쪽에 서 있던 나는 선생님과 불과 1, 2미터 떨어져 있었다. 어색하게 서 있는 우리를 향해 선생님은 "'애국가' 몰라?" 하고 큰 소리로 말했다. 누군가가 첫 소절을 부르기 시작하자, 선생님은 두 눈을 지그시 감았다.

우리가 두세 소절을 부르자 선생님은 온몸을 부르르 떨었다. 한 손을 들어 하늘을 가리키는가 하면 두 주먹을 불끈 쥐고 행진하며 제자리걸음을 했다. 애국하는 마음을 표현하는 것 같았다. 세상에서 처음 보는 지휘였다. 도저히 노래를 부를 수 없었다. 우리는 웃음을 참아가며 겨우 노래를 마쳤다. 노래하면서 눈물을 흘리기는 처음이었다. 그런데 '애국가'가 끝나자, 선생님은 '봄처녀'를 부르자고 했다.

몇십 년 전 어느 날의 음악 수업은 지금도 손에 잡힐 듯 생생하게 기억에 남아 있다. 그날 선생님이 우리에게 가르쳐준 것은 '이렇게도 지휘를 할 수 있다'는 것이 아니었을까. 선생님은 그날 몸으로 기호를 표현했다.

08

고등학교에 들어가기 전 겨울방학이었다. 김 군(우리 반에서 1등 하는 친구였다)이 고등학교 화학 교과서에 있는 원소주기율표를 미리 암기해놓아야 한다고 했다. 집에 돌아와 미리 받은 화학 교과서를 펼쳤다. 주기율표는 제일 뒷부분에 컬러로 프린트되어 있었다.

문제는 주기율표에 나와 있는 원소가 100개가 넘는다는 사실이었다. 게다가 원자량이 소수 셋째 자리까지 기록되어 있었다. 예를 들어 탄소(C)의 원자량은 12.011이라는 식이다. 팔랑귀이긴 했지만, 의미 없는 소숫점 세 자리 숫자열을 100개나 암기하는 정서적 학대는 도저히 참을 수 없었다. 난 20번(칼슘 Ca)까지 암기한 후 화학 교과서를 덮었다.

며칠 후 다시 만난 김 군은 내게 수학도 미리 예습해야 한다면서 책 한 권을 내밀었다. 《수학의 정석》이라는 작고 두꺼운 책이었다. 본인은 이미 다 봤으며, 조금 수준 높은 다른 책으로 갈아탔다고 말하면서 말이다. 고마운 마음에 책을 받은 날부터 하루에 세 페이지씩 풀어보기로 했다. 도입 부분의 설명을 읽고 예제를 이해한 후 유제를 풀었다. 쉽지 않았다. 당연했다. 중학교와는 차원이 다른 고등학교 수학이 아니던가. 난 마음을 다잡았다. 그래도 유제는 예제와 같은 형태였기 때문에 몇 문제는 풀어낼 수 있었다.

입학도 하기 전에 머리를 싸매고 공부를 하는 큰아들을 본 어머니는 사과를 깎아주며 흐뭇한 미소를 지었다. 유제보다 더 큰 문제는 뒤에 있었다. 단원이 끝나면 연습 문제가 모여 있었는데, 내 능력으로는 도저히 진입 불가였다. 한 문제도 제대로 풀 수가 없었다.

어렵다는 생각과 함께 불쾌감이 들었다. 연습 문제는 앞부분의 예제나 유제와 너무나 달라서 힌트나 도움 없이는 풀 수 없을 것 같았지만, 책의 어디에도 그런 도움 따윈 없었다. 부당해 보였지만 그게 '고등학교 수학'이었으니 어쩔 도리가 없었다. 주기율표와는 차원이 달랐다. 주기율표는 시간을 들이면 해결할 수 있었지만, 이 연습 문제는 내 힘으로는 해결할 수 없다는 확신이 들었다. 친구 녀석이 대단해 보였다.

하지만 걱정할 일은 아니었다. 아직 고등학교 수학을 배우지 않았으니, 모르는 건 너무나 당연한 거다. 고등학교 수학 선생님이 한층 전문적으로 잘 가르쳐줄 테니까, 입학 후에 수업을 들으면서 차근차근 공부해나가기로 마음먹었다. 나는 정장 양복에 은빛 안경, 날카로우면서도 따뜻한 지성으로 무장한 수학 선생님을 떠올리며 《수학의 정석》을 덮었다.

후줄근한 회색 점퍼 차림에 베토벤 머리를 한 수학 선생님(임진왜란 의병장 중 한 명과 이름이 똑같았다)은 첫 시간에 인사가 끝나자마자 이렇게 말했다.

"《수학의 정석》 끝까지 본 사람 손들어봐라."

"……."

선생님은 중3 겨울방학 때 《수학의 정석》은 모두 풀어보고 오는 게 정상인데, 이 반에는 그런 녀석이 하나도 없으니 문제가 있다는 식으로 말했다. 우리는 겸연쩍게 웃으며 머리를 긁었다. 선생님의 말에 적잖이 당황했지만, 동시에 아무도 손을 안 들었다는 사실에 큰 안도감을 느꼈다. 수업이 끝날 때쯤, 선생님은 우리에게 이런 조언을 했다.

조언 1) 매일 일정 시간 수학을 공부할 것

조언 2) 풀이를 보지 말고 푸는 연습을 할 것

난 하루에 40분씩 수학을 공부하기로 했다. 하루도 빠지지 않고 해낼 수 있다고 여겨지는 최대 시간은 30분이었지만, 좀 짧은 것 같아 10분을 늘렸다. 일단 40분간 공부하는 습관이 몸에 붙으면 조금씩 늘릴 생각이었다.

문제는 두 번째 조언이었다. 선생님은 직사각형 모양의 마분지 조각을 보여주며, 이런 걸로 문제 아래쪽에 있는 풀이 부분을 가리고 풀라고 했다. 본인도 문제를 풀 때 그렇게 한다면서 말이다. 나는 곧바로 두꺼운 종이를 준비했다.《수학의 정석》에 책갈피처럼 끼우고 다니기 좋게 만드느라 선생님 것보다는 조금 작게 잘랐는데, 만족스러운 작품이 나왔다.

수학 선생님은 공부는 스스로 하는 것이고, 혼자서 끙끙대며 실력을 쌓지 않으면 아무것도 안 된다며 자신과의 싸움을 여러 차례 강조했다. 내가 가르쳐주리라 기대하지 말고, 스스로 공부하라는 말이었다. 그때 나는 그게 옳다고 여겼다.

당시 우리 학교는 매주 월요일 1교시에는 국어, 영어, 수학 시험을 순서대로 치렀다. 주초 고사(週初考査)*라고 불린 공식 시험이었다. 그러니까 3주에 한 번씩 수학 시험을 치러야 한다는 말이었다. 심지어 주초 고사의 첫 과목은 국어가 아닌 수학이었다!

* 주말에 학생들이 놀지 못하게 하려는 의도였는데, 1980년대 전국 대부분의 인문계 고등학교에서 시행했던 악질적인 제도다.

《수학의 정석》의 연습 문제가 주초 고사에 나온다는 흉흉한 말이 돌았기 때문에, 스트레스가 이만저만이 아니었다.

게다가 담임선생님(영어과)은 조회 시간마다 고등학교 첫 시험이 대학 진학, 나아가 인생 전반에 미치는 영향과 그 의미에 대해 진지하게 연설을 해댔다(물론 좋은 뜻이었을 것이다).

얼어붙은 광란의 한가운데서 나는 매일 《수학의 정석》을 마주했다. 하지만 공식(개념)을 암기하고 교과서로 기본적인 훈련을 해도, 연습 문제는 여전히 풀 수가 없었다. 그렇다고 풀이를 암기하는 것도 불가능했다. 당시 내가 직면한 딜레마는 이런 것이었다.

상황 1) 문제가 안 풀린다고 풀이를 보면 내가 푼 것이 아니므로 내 것이 안 된다
상황 2) 그렇다고 안 풀리는 문제를 붙잡고 있으면 시간만 흐를 뿐 성과가 없다

지금 같으면 담당 선생님을 찾아가서 상담을 요청할 수 있겠지만, 당시는 그럴 수 없었다. 교무실은 특별한 일이 없으면 학생이 가는 곳이 아니었기 때문이다(보통 혼날 때 갔다).

풀이를 볼 수도 없고, 안 볼 수도 없는 모순 속에서 신음하던 나는 한 가지 타협점을 찾아냈다.

안 풀리는 문제를 언제까지나 붙잡고 있을 수는 없다. 하지만

모르겠다고 해서 바로 풀이를 보는 것도 도움이 되지 않는다. 내가 찾은 타협점은 '적당한 시간 동안' 문제를 풀려고 애썼는데도 안 풀리면 그때 풀이를 보자는 것이었다.

요점은 '문제당 고민하는 시간'을 확보하는 것이다. 내가 내린 결론은 문제당 5분이었다. 즉, 문제를 푸는 5분 동안 내가 아는 개념이나 공식과 연결하면서 할 수 있는 것은 모두 시도해본다. 5분 이내에 실마리가 잡히면 그 길로 들어간다. 그렇다면 시간을 좀 더 잡아먹어도 괜찮다. 반면 5분 동안 열심히 고민해도 어떤 실마리도 잡히지 않는다면 즉시 풀이를 본다. 이때, 풀이는 5분이라는 시간 동안 한 고민의 깊이만큼 내 머릿속에 흔적을 남길 것이다.

더 이상 물러설 수 없는 상황에서 나온 고육지책이었다. 내가 개발한 이 방법을 5분 고민법이라고 이름 지었다(그렇지만 아무에게도 말하지는 않았다). 포인트는 5분 동안 고민할 때 집중도를 유지해야 한다는 것이다. 단어, 숙어를 암기하는 영어 공부나 교과서를 반복해서 읽는 국어 공부는 다소 산만한 환경에서도 가능했지만, 수학만큼은 40분을 통으로 사용할 수 있는 환경에서 해야 했다. 그래서 움직임이 많고 산만한 낮에는 영어를, 상대적으로 차분한 저녁에는 수학을 공부했다.

어쨌든 내가 발명한 5분 고민법으로 하루에 수학 문제 너댓 개를 풀 수 있었다. 첫 주초 고사를 힘겹게 넘기고, 드디어 '고등학교 수학'이라는 극한 체험의 세계에 발을 내디뎠다. 가르침이 부재하는 비교육의 환경에서 만들어낸 자구책에 의지해서 하루하루 버틸 수 있었다.

매일 힘겹게 공부하는 만큼, 성적은 어느 정도 나왔다. 하지만 수학 공부는 재미가 없었다. 문제가 풀릴 때 소소한 즐거움을 느끼기도 했지만, '이해'에서 오는 유쾌함과는 거리가 멀었다. 예를 들면 이런 것이다.

문제) A, B, C가 집합일 때, $A-(B-C)$와 같은 것을 고르면?*

① $A\cap(B\cup C)$ ② $A\cup(B\cap C)$

③ $(A-B)\cup(A\cap C)$ ④ $(A-B)\cap(A\cup C)$

모범 풀이) $A-(B-C)=A-(B\cap C^C)$ (i)

$=A\cap(B\cap C^C)^C$ (ii)

$=A\cap\{B^C\cup(C^C)^C\}$ (iii)

$=A\cap(B^C\cup C)$ (iv)

$=(A\cap B^C)\cup(A\cap C)$ (v)

$=(A-B)\cup(A\cap C)$ (vi)

---

* 30년이 지난 지금도 교과서와 참고서에 그대로 나오는 문제다.

정답은 ③번이다. 모범 풀이에서 사용된 공식은 다음의 네 가지다.

$A - B = A \cap B^C$ (i, ii, vi에 사용)

$(A \cap B)^C = A^C \cup B^C$ (iii에 사용)

$(A^C)^C = A$ (iv에 사용)

$A \cap (B \cup C) = (A \cap B) \cup (A \cap C)$ (v에 사용)

네 개의 예시 중 정답은 ③밖에 없으니 분명 문제에 오류는 없다. 하지만 $A - (B - C)$와 같은 식이 $(A - B) \cup (A \cap C)$만 있는 건 아니다. $A - (B \cap C^c)$, $A \cap (B^c \cup C)$⋯ 등 모범 풀이 과정에 나타난 모든 식이 답이 될 수 있다. 심지어 $\{A^c \cup (B \cap C^c)\}^c$과 같은 식도 답이 된다. 물론 '모범 정답'인 $(A - B) \cup (A \cap C)$가 더 '많은' 공식을 사용해서 만들어낼 수 있는 답인 것은 맞다. 하지만 문자 기호 $A - (B - C)$를 $(A - B) \cup (A \cap C)$로 변형'해야 하는' 정당한 이유는 없었다. 모범 풀이가 내 생각을 특정한 방향으로 강요하고 있는 것이다. 많은 수학 문제가 이런 식이었다.

문제를 풀면서도 불편하고 짜증스러웠다. 기호에 적응하는 시간이 필요한 걸까? 초등학생 시절에 나를 괴롭혔던 $a \times 0 = 0$이 질문을 용인하지 않는 답답함을 느끼게 했다면, 고등학교 수학의 모범 풀이는 다른 생각을 용인하지 않는 불쾌감을 주었다. 하지만 둘 다 정신적 억압이라는 점에서 다르지 않다. 논리라는 이름의 억압이었다.

내가 수학 선생님이라면 다음처럼 문제를 낼 거라고 생각했다(훗날 수학 선생님이 될 거라는 생각은 꿈에도 하지 않았다).

문제) A, B, C가 집합일 때, $A - (B - C)$와 같은 식을 가능한 한 많이 만들어보시오.

문제가 이렇게 나왔다면 답을 찾아가며 적어도 불쾌감을 느끼진 않을 것 같았다. 하지만 마음속으로 욕을 하면서도, 기호의 '특정한' 사용 방식에 나 자신을 적응시켜야 했다.

이와 관련해서 생각나는 이야기가 있다.

학교에는 동시(童詩)를 쓰는 국어 선생님이 한 분 있었는데, 주말마다 시내로 점검을 나가는 학생 주임이었다. 시내에서 놀다가 선생님에게 걸리면 학교와 이름을 적어서 인계한 후, 월요일에 혼나는 식이었다.*

* 당시 중고생들은 짧은 스포츠머리였기 때문에 눈에 잘 띄었다. 선생님들은 팀을 짜서 시내 번화가를 돌아다니며 고등학생들을 '점검'했다. 서면이나 남포동 한복판에서는 고등학생이 쪼그려뛰기를 하는 광경을 볼 수 있었다. 다른 학교 학생도 상관없었다. 지금의 학생들은 상상도 못할 것이다.

그런데 박 선생님은 시인이라서 그런지 품이 좀 달랐다. 서면이나 남포동 길거리에서 고등학생을 만나면 세워놓고 다짜고짜 이렇게 물었다.

"아는 시 있나?"

"?"

"있으믄 함 외워봐라."

시 한 편을 다 외우면 이름도 묻지 않고 바로 패스였다. 시를 외울 줄 안다면 놀아도 된다는 의미인지, 하여튼 괴짜 선생님이었다. 이런 이유로 우리 학교는 전교생이 윤동주의 〈서시〉를 암기하고 있었다.

고1 내내 나의 짝이었던 석 군에게서 들은 이야기가 있다.

어느 토요일 낮, 석 군이 서면의 쇼핑센터에서 한창 놀고 나오는데 귀에 익은 목소리가 들렸다. 고개를 돌려보니 박 선생님과 낯선 사람(아마도 이웃 학교 학생 주임)이 지하 계단 입구 쪽에서 비스듬히 서서 이쪽을 보고 있었다. 박 선생님은 선글라스를 끼고 있었다. 한껏 차려입은 여자 친구 옆에서 당황해하는 석 군에게 박 선생님은 조용히 말했다.

"아는 시 있으믄 함 외워봐라."

불행히도 석 군은 시에 큰 관심이 없었다. 윤동주와 윤수일도 구분 못할 정도였으니까. 하지만 여자 친구 앞에서 쪼그려뛰기를 할 수는 없는 노릇이었다. 예고 없이 닥친 재앙 속에서 석 군의 여자 친구도 할 말을 잃고 멍하니 서 있었다.

그때 건물 입구의 긴 창문 위쪽에서 옆으로 유유히 움직이는 흰 구름이 석 군의 눈에 들어왔다. 그 순간, 석 군은 시인이 되기로 결심했다. 어차피 밑져야 본전이었다.

"아, 저 하늘에 흘러가는 구름……."

"……."

"자유를 갈망하는 내 마음인가……."

"……."

이웃 학교 학생 주임은 이미 지하상가 쪽으로 내려간 후였다. 영겁과도 같은 시간이 흐른 후, 박 선생님이 물었다.

"끝이가?"

석 군은 머리를 긁었다.

"좀 짧지예?"

"머 괜찮네. 가봐라."

박 선생님은 웃으면서 지하 계단 쪽으로 몸을 돌렸다. 방금 데뷔한 어린 시인은 여자 친구와 함께 도망치듯 건물을 빠져나왔다고 한다.

선생님은 기존의 시를 암기하는 것도 좋지만, 짧더라도 자신의 시를 지은 것에 점수를 주지 않았을까 생각해본다. 수학도 마찬가지여야 하지 않을까.

09

0이라는 수는 내 삶에서 여러 번 나를 괴롭혔다. 고1 때 지수법칙을 다루는 첫 시간에 배운 내용이었다.

n, m이 자연수일 때, $a^n \times a^m = a^{n+m}$이다.

이제 $a^0 \times a^n = a^{0+n} = a^n$이므로 $a^0 = \frac{a^n}{a^n} = 1$에서 $a^0 = 1$로 '정의'한다.

⋮

(하략)

지금 교과서에도 똑같이 실려 있는 내용이다.

나는 a^0이라는 수가 마뜩잖았다. 예를 들어, 2^3은 크기에 대한 느낌이 분명히 있다. 그런데 2^0이 얼마인지는 전혀 직관적으로 와 닿지 않았다(교과서에 따르면, 2^0이건 100^0이건 모두 1이다). 도대체 2를 '0번 거듭제곱했다'는 것이 무슨 의미이며, 그 수는 왜 1이어야 하는가? 하지만 논리적으로 $2^0 = 1$을 구하는 과정에 모순이 없었기 때문에 받아들일 수밖에 없었다.

선생님은 2^0의 값을 구한 다음에 바로 2^{-1}으로 넘어갔다. 그다음 시간에는 $2^{\frac{1}{3}}$으로, 다시 $2^{\sqrt{2}}$으로 계속 이어졌다.

이 모든 수를 다루는 데 문제는 없었다. 하지만 나는 내가 다루는 수들의 '의미'를 알지 못했다. 반쪽짜리 수학이었다.

단절이 시작된 지점은 2^0이었다. 2^0의 의미를 알 수 있다면 다른 수들도 이해할 수 있는 건 분명해 보였다. 나와 같은 생각을 한 친구들이 분명히 있었을 것이다. 대학 진학 후에도 이 문제를 명확히 언급한 책은 보이지 않았다.* 고민한 끝에 나는 다음과 같은 결론을 내렸는데, 당연히 주관적인 의견을 포함한다.

2^0이 무슨 뜻일까? 2를 '0회' 연속해서 곱하니, 그대로 2가 아닐까 생각할 수 있다. 아무것도 안 곱한 셈이니 말이다. 하지만 조금 더 생각해보면 그렇지 않음을 알 수 있다. 거듭제곱 기호는 '여러 번 연속으로 곱한 것'을 간단히 하기 위해 만든 것이므로, 한 번 이상 곱해야 기호의 '의미'가 생긴다. 즉, 2^0은 의미가 '없다'. 그러

* '형식 불역의 원리'라는 것이 있지만, 그리 만족할 만한 내용은 아니었다.

니까 내가 아무리 생각해도 2^0의 의미를 찾을 수 없었던 이유는, 애초에 의미 따위가 없기 때문이다. 이게 내가 내린 솔직한 결론이다. 정리하면 이렇다.

단계 1: 약속) 표기의 편의를 위해 새로운 수를 만든다.
($2 \times 2 \times 2 = 2^3$)
단계 2: 논리) 새로운 수의 정의로부터 그 수의 성질을 발견한다. ($2^3 \times 2^4 = 2^{3+4}$)
단계 3: 상상) 이전에는 생각하지 못했던 엉뚱한 수 2^0을 생각한다.

이제 다음 단계로 넘어가자.

단계 4: 질문) 만약 2^0에 '존재성'을 부여한다면(근거는 없다) 그 값은 얼마가 될 '수 있을까'?

비유하자면, 소설가가 작중 인물(캐릭터)을 탄생시켜 이야기를 끌어가는 와중에 이야기가 가진 인과관계의 맥락에서 작가가 생각하지 않았던 인물이 소설 속에 새롭게 나타난 것이다.

작중 캐릭터 구성 : 2^3

이야기의 인과적 전개 : $2^3 \times 2^4 = 2^{3+4}$

생각하지 않았던 인물의 등장 : 2^0

이런 일은 충분히 가능하다. 처음에는 사람이 소설을 쓰지만, 어느 순간부터는 소설이 소설을 쓰기 때문이다. 수학도 마찬가지다. 2^0은 지수의 세계가 자가 증식 해낸 캐릭터다. 그러니 그 값에 생명을 부여해준다면 그 세계는 더욱 논리적인 동시에 예측 불허의 풍요로운 세계가 될 것임을 예상할 수 있다.

단계 5 : 대답) 2^0의 값이 '존재한다면' 기존의 수들과 공존할 수 있어야 한다. 즉, 기본 성질을 공유할 수 있어야 한다. 그러므로 $2^0 \times 2^n = 2^{0+n} = 2^n$에서 $2^0 = \frac{2^n}{2^n} = 1$, 즉 2^0은 1 이외의 다른 값이 될 수 없다는 결론이 나온다.

논리(의미)와 상상(무의미)의 두 얼굴. 나는 2^0이 수학이 스스로 진화하는, 살아 있는 시스템임을 보여주는 단서라고 생각한다. 이런 내용을 고등학생이 이해하지 못할 이유는 없다. 그리고 이 모든 것이 교과서에 '$a^0 = 1$로 정의한다'라는 단 한 줄로 학생들에게 던질 단순한 내용이라고 생각하지 않는다. 다른 문제를 해결하기 위한 수단이 아니라 $a^0 = 1$ 자체에 주목한다면 수학을 훨씬 재미있게 가르칠 수 있고, 배울 수 있을 것이다. 아쉬웠다. 하지만 늦게라도 내 나름의 해답을 얻게 되어 기뻤다.

소설 한 편을 쓰는 데 오랜 시간이 걸리는 것처럼, 수학 문제(개념)를 하나 해결하는 데도 여유 있게 생각하는 경험을 학생들이 누릴 수 있다면 수학이 상처가 되는 일은 줄어들 것이다. 공식이나 개념을 후딱 설명한 후 문제만 줄기차게 풀어주는 수업이 사라진다면, 학생들은 지금보다 호기심을 가질 것이다. 문제가 요구하는 정답이 아닌 다른 답도, 아니 답까지 가지 못했더라도 스스로의 힘으로 걸어가본 거리만큼 그 노력을 인정받을 수 있다면, 생각하는 기쁨을 알게 될 것이다. 그런 의미에서 수학의 반대말은 모순이 아니라 강박이라고 생각한다.

강박과 관련한 기억이 있다. 고3 여름방학을 앞둔 1학기 마지막 모의고사였다. 모의고사 성적표를 받고 고개를 갸우뚱거렸다. 수학 점수가 4점이나 깎였기 때문이다. 다행히도 아는 문제가 많이 나와 꽤 잘 봤다고 생각한 시험이었다. 학급에서 2, 3등을 왔다 갔다 했기에 4점 차이는 전체 등수에 아주 크게 작용했다. 이전에도 여러 번 모의고사를 봤지만, 이런 적은 없었다. 교육청에 문의해볼까도 생각했지만, 기록에 남는 공식적인 시험은 아니라서 왠지 확인해주지 않을 것 같았다.

당시 학교의 분위기는 살벌했다. 모의고사 성적표가 나오면, 운동장 전체 조례에서 교장 선생님은 이웃 학교들과 과목별로 성적을 비교해가며 선생님들을 압박했다. 실제로 1학년 가을 모의고사에서 우리 학교가 수학에서 꼴찌를 하자, 수학 선생님(앞서 등장한 베토벤 머리의 주인공)은 우리 반 아이들 대부분에게 현란한 매질을 해대며 좋지 않은 추억을 남긴 적이 있었다.

2학년 봄에 있었던 일은 더 기가 막힌다. 오후에 국사 과목을 감독하러 마침 우리 반에 들어온 국사 선생님(스스로 '걸어가는 부처'라고 불렀다)은 시험이 끝나기 직전에 창밖을 바라보며 큰 소리로 이렇게 말했다.

"얘들아, 날씨가 좋으니까 고려 말 시인이 생각나네. 이름이 '이제…… ㅎ' 여기까지."

"……!"

국사 주관식 답이 '이제현'이었는데, 감독하면서 둘러보니 답을 못 쓴 친구들이 생각보다 많이 보여서 힌트를 준 것이다.

3학년에 올라가자, 학교 간 경쟁도 모자라 학급 간 경쟁까지 치열해졌다. 초반부터 전교 1등을 줄곧 유지하던 오 군의 담임선생님은 자신이 전교 1등인 것처럼 거드름을 피울 정도였다.

생물을 담당하셨던 우리 담임선생님은 우리 집과 불과 50미터 떨어진 곳에 살고 있었는데, 나를 포함해서 주변에 사는 학급 아이들에게 일요일까지 학교에 나와 공부하라고 '권유'했다(물론 나는 나가지 않았다). 내 방 창문이 길에서 보였기 때문에, 담임선생님은 우리 집 앞을 지나가다가 내 방에 불이 꺼진 것이 보이면 바로 집으로 와서 벌써 자는 거냐고 물었다.

학생들의 진학 결과로 직결되는 모의고사 성적은 곧 고3 담임에게는 전부나 다름없었다. 그런 상황에서 상당히 오를 것으로 기대했던 내 전교 등수가 왕창 떨어졌으니, 나도 스스로 실망했지만 담임선생님에게 미안한 마음도 들었다. 어쨌거나 우린 한 팀이었으니까. 하지만 수학 점수가 감점된 이유를 알 수 없어서 답답했다.

성적표가 나온 다음 날이었다. 교실에서 야간 자습을 하고 있는데, 복도를 순찰하던 담임선생님이 잠깐 나오라고 창밖에서 손짓했다. 늦은 시간이라 교무실에는 우리 말고 아무도 없었다. 자리에 앉았더니, 선생님은 입맛을 다시다가 말문을 열었다.

"저, 거, 엊그제 모의고사 수학 주관식 마지막 문제 말이다. 그거 답이 머꼬?"

담임선생님의 과목은 생물이었는데 왜 묻는 거지? 칭찬이라도 하시려나. 미묘한 함정을 피해서 맞춘 문제였기에 자신 있게 바로 대답했다.

"100입니다."

대답이 끝나기가 무섭게 선생님은 깊은 한숨을 내쉬었다. 왠지 모르게 불안감이 엄습했다. 한참 후에야, 선생님은 천천히 말을 꺼냈다.

"우석아, 그거 마지막 문제, 니가 쓴 답 말이다."

"……."

"내가 109로 고쳤다."

"?"

"미안하데이……."

수학은 다른 과목보다 점수 편차가 크기 때문에 그만큼 관심도가 높았다. 그래서 담임선생님은 수학 시험이 끝나고 답안지가 교무실로 모이자, 몰래 봉투를 열어 우리 반 상위권 세 명의 주관식 답을 비교해본 것이다. 그런데 세 명이 쓴 답이 마지막 문제에서 갈렸다. 나머지 두 명은 109라고 썼고, 나만 100으로 표기한 것이다. 문제는 늘 학급 1등이었던 이 군의 답안지에 109로 되어 있었다는 것이다. 주위를 슬쩍 둘러보고, 선생님은 내 답을 109로 고친 후(마지막 0의 끝부분에 작대기 하나만 붙이면 되었으니까) 다시 봉투에 넣었다.

꿈에도 생각하지 못한 이야기를 들었지만, 나는 아무 말도, 어떤 일도 할 수 없었다.

이렇게 써놓으니 담임선생님이 아주 이상한 사람으로 보이겠지만, 천만의 말씀이다. 선생님은 담당인 생물 과목을 정말 성의 있게 잘 가르쳤다. 암기해야 할 부분과 그럴 필요가 없는 부분을 정확히 구분해주었고, 복잡한 화학식이 들어가는 어려운 내용도 이론적으로 충실히, 그러면서도 쉽게 가르쳐주어서 대학에 들어간 후에도 써먹을 수 있었다. 내가 받은 학력고사 생물 만점은 오롯이 선생님의 가르침 덕분이다.

지금도 궁금하다. 그날 선생님은 왜 자신의 부정을 나에게 고백했을까.

이 사건은 오늘날은 절대 일어날 수 없는, 일어나서도 안 되는 일이다. 다만 30년도 더 지난, 엉성했던 시절의 일이고, 내신에 반영되는 공식 성적이 아닌 모의고사에서 벌어졌던 일임을 감안해서 이해해주기 바란다.

10

시간이 흐르면, 피해자는 가해자가 되기도 한다. 교단에 선 지 8년째 되던 해에 있었던 일이다.

로그 단원은 비교적 평이하면서도 직관적이고 응용이 많아서 가르치는 재미가 쏠쏠한 부분이다. $\log_a X$라는 기호는 'a(밑)를 몇 번 거듭제곱하면 X가 될까?'를 나타내는 약속이다. 예를 들어 $\log_2 8$은 3이다(2^3이 8이므로).

$$\log_a X = b \Leftrightarrow X = a^b$$

밑을 10으로 고정하면 좀 더 구체적으로 로그의 효용을 느낄 수 있다.

$\log_{10}100 = 2$

$\log_{10}1000 = 3$

$\log_{10}10000 = 4$

$\vdots$

$\log_{10}345$의 값은 얼마일까(즉, 10을 '몇 번' 거듭제곱하면 345가 될까)? 정확히는 알 수 없으나, 2과 3 사이에 있는 값일 것이다. 100과 1000 사이에는 345 말고도 많은 세 자릿수가 있고, 그들 모두에 대해 다음이 성립함을 알 수 있다.

X가 세 자릿수일 때, $\log_{10}X = 2.***\cdots$

자릿수는 어떤 수가 얼마나 큰지 개략적으로 알려주는 중요한 정보다. $\log_{10}X$의 자릿수(=3)를 알게 해준다는 의미에서 앞선 $\log_{10}X$의 정수 부분(=2)을 지표(characteristic)라고 부른다. 거대한 수의 규모(X의 자릿수)를 작은 정수($\log_{10}X$의 정수 부분)를 이용하여 계산해낼 수 있음을 보여주는 사례인데, 그것이 바로 로그를 사용하는 이유 중 하나다.

수업 중에 나는 지표를 이용하는 기초적인 문제를 학생들에게 소개했다. 대충 이런 형태였다.

(문제) 2^{120}의 자릿수를 구하시오.

(모범 풀이) $X = 2^{120}$ (구하는 값을 X로 둠)

$\log_{10}X = \log_{10}2^{120}$ (양변에 상용로그를 취함)

$= 120 \times \log_{10}2$ ($\because \log_{10}a^{\mathrm{m}} = \mathrm{m} \times \log_{10}a$)*

$\approx 120 \times 0.3010$ ($\because \log_{10}2 \approx 0.3010$)

$= 36.12$ (지표 36)

$\therefore X(= 2^{120})$의 자릿수는 $37(= 36 + 1)$이다.

무려 자릿수가 37개인, 그야말로 끔찍하게 큰 수다. 풀이의 포인트는 중간에 로그의 성질($\log_{10}a^m = m\log_{10}a$)을 이용하는 부분이었다. $\log_{10}2 \approx 0.3010$은 로그표에 나와 있으므로 가져다 쓰면 된다.

수업이 끝난 후, B가 복도로 따라 나왔다.

"저, 선생님, 질문이 있는데요."

"뭔데?"

B는 쑥스러운 듯 말했다.

"$\log_{10}2$가 왜 0.3010인가요?"

처음 받아보는 질문이었다.

---

* 다음과 같이 증명할 수 있다. $\log_{10}a = b$라면 $a = 10^b$이므로 $a^m = (10^b)^m$, 즉 $10^{mb} = a^m$이 성립한다. 이를 다시 로그로 표기하면 $mb = \log_{10}a^m$, 즉 $\log_{10}a^m = m \times \log_{10}a$가 된다.

"그게 그러니까 $10^{0.3010} \approx 2$라는 의미잖아요."

"그렇지."

"그럼 $10^{3010} \approx 2^{10000}$이 되는데, 이렇게 계산한 건가요?"

그럴 리가 있나. 하지만 B는 자신이 최선을 다해 고민한 결과를 보여주며 나에게 도움을 청하고 있었다. 일리 있는 이야기지만* 조금 더 고민해보고 다음 시간까지 답을 주겠다고 말했다. B는 밝게 웃으며 인사를 하고 되돌아갔다. 나는 비틀거리며 교무실로 돌아왔다.

교과서와 참고서에 나와 있는 수많은 로그 문제가 로그표를 이용해서 값을 구하게 되어 있다. 예를 들면 $\sqrt[3]{4} \div \sqrt[5]{31.7}$** 같은 끔찍한 수들의 근삿값도 구할 수 있다.

수	0	1	2	3	4	5	6	7	8	9
1.0	.0000	.0043	.0086	.0128	.0170	.0212	.0253	.0294	.0334	.0374
1.1	.0414	.0453	.0492	.0531	.0569	.0607	.0645	.0682	.0719	.0755
1.2	.0792	.0828	.0864	.0899	.0934	.0969	.1004	.1038	.1072	.1106
1.3	.1139	.1173	.1206	.1239	.1271	.1303	.1335	.1367	.1339	.1430
1.4	.1461	.1492	.1523	.1553	.1584	.1614	.1644	.1673	.1703	.1732
1.5	.1761	.1790	.1818	.1847	.1875	.1903	.1931	.1959	.1987	.2014
1.6	.2041	.2068	.2095	.2122	.2148	.2175	.2201	.2227	.2253	.2279

* 사실을 말하자면, 죽을 때까지 계산해도 2^{10000}을 구할 수는 없다.

** $\sqrt[3]{4}$는 세제곱(3승) 해서 4가 되는 수라는 뜻의 기호다.

1.7	.2304	.2330	.2355	.2380	.2405	.2430	.2455	.2480	.2504	.2529
1.8	.2553	.2577	.2601	.2625	.2648	.2672	.2695	.2718	.2742	.2765
1.9	.2788	.2810	.2833	.2856	.2878	.2900	.2923	.2945	.2967	.2989
2.0	.3010	.3032	.3054	.3075	.3096	.3118	.3139	.3160	.3181	.3201
2.1	.3222	.3243	.3263	.3284	.3304	.3324	.3345	.3365	.3385	.3404
2.2	.3424	.3444	.3464	.3483	.3502	.3522	.3541	.3560	.3579	.3598
2.3	.3617	.3636	.3655	.3674	.3692	.3711	.3729	.3747	.3766	.3784
2.4	.3802	.3820	.3838	.3856	.3874	.3892	.3909	.3927	.3945	.3962
2.5	.3979	.3997	.4014	.4031	.4048	.4065	.4082	.4099	.4116	.4133
2.6	.4150	.4166	.4183	.4200	.4216	.4232	.4249	.4265	.4281	.4298
2.7	.4314	.4330	.4346	.4362	.4378	.4393	.4409	.4425	.4440	.4456
2.8	.4472	.4487	.4502	.4518	.4533	.4548	.4564	.4579	.4594	.4609
2.9	.4624	.4639	.4654	.4669	.4683	.4698	.4713	.4728	.4742	.4757

B도 여느 아이들처럼 로그 문제를 풀었을 것이다. 교과서와 참고서, 문제집의 수많은 문제를 다루다가, 어느 시점에 궁금해졌을 것이다. 그런데 왜 $\log_{10}2$가 0.3010이지? $\log_{10}3$은 왜 0.4771이지? 이 값들이 어떻게 나온 거지? 교과서와 참고서 어디에도 근거가 나와 있지 않으니 답답한 마음에 혼자 답을 구하려고 이런저런 시도를 해봤을 것이다. 초등학생 시절의 나처럼 말이다.

왜 이런 생각을 못했지? 왜 이걸 궁금해하지 않았지? 나 자신을 이해할 수 없었다. 대학교 미적분 교재를 뒤지기 시작했다. 하지만 기대와는 달리 로그표의 원리는 어디에도 나와 있지 않았다. 정말 어디에도 없었다. 너무나 이상했다. 헌법에 기초해서 개개의 법률 조항을 만들어내는데 정작 헌법의 구성 원리를 묻지 말라는 것과 같은 이야기였다. 다른 과목도 아닌 수학 교과서에서 말이다!

동료 몇 명에게 물었는데, 한 동료만이 호기심을 보이며 궁금해했다. 우리는 직접 0.3010의 비밀을 캐보기로 했다.

$2^{10} = 1024 \approx 1000 = 10^3$에서 (1024의 근삿값으로 1000을 사용함)

$2 \approx 10^{\frac{3}{10}} = 10^{0.3}$이므로

$\log_{10}2 \approx 0.3$

우리 능력이 허락하는 건 0.3까지였다. 다음 날, 나는 B에게 조금 더 시간을 달라고 하면서 너도 한 번 고민해보라고 했다. 그리고 몇 주가 지난 어느 날, 한 물리학자가 쓴 책에서 답을 찾을 수 있었는데, 그 책에서는 어떻게 해서 $\log_{10}2$의 값이 0.3010이 되는지 적혀 있었다. 17세기 초에 브릭스(Briggs)가 상용로그표를 만들 때 실제로 사용한 방법이라고 했다. 거듭제곱근을 반복하며 몫을 찾아가는 단순한 방법이었다. 눈물이 앞을 가렸다. (이하의 내용은 이해하지 못해도 괜찮다.)

$\log_{10}2 = x$라 하면 $2 = 10^x$이 된다. 즉, 구하고자 하는 x는 2를 10의 거듭제곱 형태로 표현할 때, 지수 위치에 오는 수를 말한다.

2에 가장 가까운 10의 거듭제곱은 $10^{\frac{1}{4}} = (10^{\frac{1}{2}})^{\frac{1}{2}} = \sqrt{\sqrt{10}}$ ≈ 1.77828*이다. 여기서 등식 $2 = 10^{\frac{1}{4}} \times 1.124682$가 성립한다. 다시 뒷부분인 1.124682에 가장 가까운 10의 거듭제곱은 $10^{\frac{1}{32}} = \sqrt{\sqrt{\sqrt{\sqrt{\sqrt{10}}}}} \approx 1.07460$이므로 $1.124682 = 10^{\frac{1}{32}} \times 1.046598$에서 다시 $2 = 10^{\frac{1}{4}} \times 1.124682 = 10^{\frac{1}{4}} \times 10^{\frac{1}{32}} \times 1.046598$이 된다. 또다시 뒷부분인 1.046598에 가까운 10의 거듭제곱을 찾는다.

이와 같이 계속하여 뒷부분(1.77828 → 1.124682 → 1.07460 → 1.046598 → ……)을 1에 근접시킨다. 정리하면 다음과 같다.

$2 = 10^{\frac{1}{4}} \times 1.124682$ ($10^{\frac{1}{4}} \approx 1.77828$(2에 가까운 10의 거듭제곱))

$= 10^{\frac{1}{4}} \times 10^{\frac{1}{32}} \times 1.046598$ ($10^{\frac{1}{32}} \approx 1.07460$(1.124682에 가까운 10의 거듭제곱))

$= 10^{\frac{1}{4}} \times 10^{\frac{1}{32}} \times 10^{\frac{1}{64}} \times \cdots\cdots$ (같은 방식 반복)

$= 10^{\frac{1}{4} + \frac{1}{32} + \frac{1}{64} + \cdots\cdots}$

---

* 거듭제곱근의 근삿값을 구하는 별도의 계산법에 근거한다.

$= 10^{0.3010\cdots\cdots}$

나는 지금도 내가 들어가는 모든 교실에서 로그를 수업할 때면 이 이야기를 한다. 이후에도 동료 수학 교사들과 대화를 나누며 수십 번도 넘게 이 내용을 물어봤지만, 아는 사람은 단 한 사람도 없었다. 나 이외에 아무도 모른다는 사실이 슬프면서도, 그렇게 기쁠 수가 없었다. 그래서 지금도 기회가 될 때마다 물어본다.

"선생님. 혹시 $\log_{10}2$가 왜 0.3010인지 아시나요?"*

---

* 브릭스가 로그표를 만든 이유는 바다로 출항하는 선원들을 위해서였다. 그 당시 대륙 간 항해는 지금으로 치면 우주 공간에 나갔다 돌아오는 것과 같았다. 배에 실을 수 있는 물자가 제한되어 있었기 때문에 거리나 방향에 대해 조금만 계산이 틀려도 항해 중에 바다 위에서 굶어 죽을 수밖에 없었다. 큰 수, 복잡한 수의 근삿값을 정확하게 구할 수 있는 로그값의 소수점 자릿수 하나하나는 배를 타고 먼바다로 떠나는 동료들의 안전한 귀환을 보증하는 것이었다. 1624년에 처음 발표된 상용로그표에는 소수점이 14자리까지 계산되어 있었다.

11

대학교에 낙방했다는 소식을 들은 날 아침, 내 방 책상 위에 있는 라디오에서 흘러나온 노래는 엘튼 존의 'Goodbye Yellow Brick Road'였다.

두 번째 낙방이었다. 재수를 하고서도 또 떨어진 것이다. 눈앞이 캄캄했다. 군대는 연기하면 되지만, 대학은 그럴 수 없었다. 매일같이 밤늦게까지 남포동과 서면 길거리를 배회하며 시간을 보냈다. 부모님은 그런 내게 아무 말도 하지 않았다.

어느 날 문득 이런 생각이 들었다. 왜 대학에 가야 하지? 무엇을 위해서 소위 명문대라고 부르는 곳에 가야 하나? 성적이 나쁜 편은 아니었다. 허영심 때문에 남들에게 자랑하기 위해서? 아니면 노력을 통해 자신의 능력을 입증하기 위해서? 아니면 평생 먹고살 걱정 없는 안정된 직업을 구하기 위해서? 굳이 따지자면 마지막 이유 때문이었다. 돈을 많이 벌기 위해서라기보다는 직장을 옮겨 다닌다든가, 돈을 빌린다든가 하는 걱정을 하지 않기 위해서. 친구 보증으로 평생을 고생한 아버지를 보면서 무의식중에 든 생각일 수도 있다.

어쨌건 평생직장이 목표라면 굳이 대학에 갈 필요가 있을까 하는 생각이 들었지만, 그 생각은 곧 사라졌다. 대학에 가고 싶었으니까. 내 능력에 어울리는 번듯한 대학 말이다.

하지만 스스로 이유를 설명하지 못하는 행동을 우리는 얼마나 많이 하는가. 소설, 수필, 철학, 종교 등 분야를 가리지 않고 닥치는 대로 읽었다. 낮에는 몸이, 밤에는 정신이 방황의 순환 고리를 돌았다. 학원 개강이 2월 중순이었지만, 대학을 진학해야 하는 이유를 알기 전엔 갈 수 없었다. 어떤 책에도 내가 원하는 답은 없었다. 어쩌면 질문이 없었다고 하는 게 맞겠다. 아니, 있었지만 내가 못 찾았겠지.

몸이 아팠다. 초등학교 동창의 아버지가 신경정신과 원장이었다. 그 친구와 별로 친하지 않았지만, 스쿨버스를 함께 타고 다녔기 때문에 그 병원을 알고 있었다. 어머니와 함께 간 병원에서 친구의 아버지는 내게 이렇게 물었다.

"사람이 사는 이유가 머라고 생각하노?"

놀라운 동시에 반가웠다. 나 자신에게 수없이 던진 질문을 타인에게 처음 받았으니까. 하지만 본심과 다르게 방어적인 대답이 나왔다.

"태어났으니까 사는 거 아닐까요?"

원장님은 인자한 얼굴로 고개를 저었다.

"사람은 행복하기 위해 사는 거다."

상담은 거기까지였다. 곧바로 약물치료가 시작되었다. 약을 먹으니 긴장감이 덜해지면서 조금은 편안한 마음으로 지낼 수 있었다.

어느 날 시내에 있는 서점에서 책 한 권을 읽었는데, 아무렇게나 펼쳐 든 페이지에 이런 내용이 있었다.

> 나는 어릴 때 발 모양이 특이해서 고무신을 짝짝이로 신고 다녔다. 내가 편했기 때문에 그냥 별 의식 없이 그러고 다녔는데, 그 때문에 주변 어른들로부터 질책을 많이 받았다. 나이가 들어 철학을 전공했고, 평생 나를 괴롭혀온 짝짝이 고무신 문제에 골몰해왔다. 난 발의 구조와 신의 구조의 유사성에 대한 논의 끝에 고무신을 '올바르게' 신으라고 충고하는 정치와 종교라는 억압 내지는 유혹으로부터 탈피해야 하며, 그것이 곧 철학적 삶이라고 결론 내렸다.

서점 한구석에서 책을 읽으며, 두 눈에서 눈물이 계속 흘렀다.

대학에 가야 하는 이유를 알고 싶어서 매일 괴로워했던 내게, 아무도 하지 않는 고민을 하는 것은 마음의 병이 아니라 철학적 삶의 징표라는 저자의 메시지는 말할 수 없이 큰 위안이 되었다.

난 아픈 게 아니었다. 내 삶을 위해 지극히 정당한 고민을 하고 있는 중이다. 집에 돌아온 나는 어머니에게 병원에 가지 않겠다고 말했다.

학원에서 수학 담당이자 담임이었던 정 선생님은 첫 수업 시간에 교과서의 단원을 연결해주며 수업을 이끌어갔다. 나는 숨어 있는 이유와 사정, 뒤에 숨은 스토리를 좋아했기에, 교과서 단원의 순서에 어떤 의미가 있는지 알게 되면서 강의에 빠져들었다. 개성 있는 강의였다. 집합에서 시작해서 실수와 극한을 거쳐 통계까지, 굽이굽이 스토리를 펼친 후 선생님은 말했다.

"이거는 뭐 내 생각인데, 수학은 신과 대화하는 학문이다. 가장 순수한 철학의 한 형태거든."

찰나였다. 초등학교 시절부터 나를 괴롭혔던 수많은 고민의 의미가 하나로 연결되는 이상한 경험이었다. 주기적으로 나를 괴롭힌 0이라는 알 수 없는 수, 짜증나고 번거롭지만 놀라운 힘을 가진 문자 기호, 한 번 만들어놓으면 알아서 진화하는 신비로운 지수. 끊임없이 '왜'를 생각하게 만든 수학에는 이유가 있었다.

선생님의 입장에서는 멋지게 강의를 마무리할 생각으로 던져 본 말일 수도 있겠지만, 내게는 진로를 결정하는 한마디였다. 대학 진학의 이유가 분명해지는 순간이었다.

나는 선생님의 수업과 만나며 가르치는 일의 매력을 알게 되었다.

12

대학에 입학해 수학교육과에 들어간 후 첫 시간에 배운 내용은 이것이다.

등식 $\lim_{n\to\infty}\frac{1}{n} = 0$을 증명하라.

분모인 n이 커질수록 $\frac{1}{n}$은 점점 0으로 다가간다. 직관적으로도 쉽게 이해할 수 있는 등식이었고, 고등학교에서 이미 배운 간단한 내용이었다. 하지만 대학 미적분학 교과서에 실린 증명은 다음과 같았다.

임의의 (작은) 양수 ϵ이 주어졌을 때, $\frac{1}{\epsilon}$ 이상의 값을 가지는 모든 n에 대하여 $\left|\frac{1}{n} - 0\right| \leq \epsilon$을 만족하는 양수 $\mathrm{N} \geq n$

이 항상 존재한다. (증명 끝)

암호와 같은 증명 내용을 나는 전혀 이해할 수 없었다. 기름종이 반대편으로 비치는 글자보다도 명백한 $\lim_{n\to\infty}\frac{1}{n}=0$을 굳이 증명해야 하는 이유가 무엇이며, 그걸 증명함으로써 무엇을 얻는단 말인가.

1) 이 당연한 걸 왜 '증명'하나?

2) 증명했다 한들, 그래서 어쩌자는 건가?

《수학의 정석》의 연습 문제를 처음 접했을 때 느꼈던 당혹감을 넘어서는 혼란스러움이었다. 교과서 아래쪽 귀퉁이에는 작은 글씨로 이렇게 쓰여 있었다.

'이상의 증명(이른바 'ϵ증명')은 미적분학이 이론화되는 과정에서 수많은 학자의 노력으로 19세기 말에 확립된 엄밀한 내용이라, 처음 접하는 학생들이 이해하기에는 벅찰 수 있다.'

대학에서 수학을 전공하겠다고 온 친구들, 고등학교 때 공부를 잘했던 30여 명의 우등생들은 침묵에 빠졌다. 집단적인 문화 충격과 더불어 앞으로 일어날 일에 대한 공포로 교실은 순식간에 어두워졌다. 얼어 있는 우리를 보며 교수님은 여유롭게 미소를 지었다.

"$n \to \infty$는 n이 한없이 커진다는 뜻으로 고등학교 때 배웠을 겁니다. 그런데 그건 수학적으로 무의미한 말입니다. '한없이'라는 개념이 모호하기 때문입니다. 그러니까 한없이 커진다는 건 단순한 비유일 뿐 정확한 개념이 아니에요. 수학에서 논리적으로 정확히 정의되는 건 등식과 부등식, 두 가지입니다. 우리는 방금 '한없이 커진다'는 비유를 사용하지 않고 등식과 부등식만을 사용해서 $\lim_{n \to \infty} \frac{1}{n} = 0$을 증명한 겁니다. 아시겠죠?"

내가 고등학교 때 배운 증명은 진짜 증명이 아니라는 말이었다. 아무런 준비도 예고도 없이 맞이한 순수 논리라는 괴물은 내가 친근하게 여기던 모든 것을 파괴할 듯 보였다. 처음 보는 이상한 문자 ϵ(엡실론)과 함께.

대학이 고등학교와 다른 점은 물어볼 사람이 많고 참고할 책들이 널려 있다는 점이었다. 증명의 정체를 알기 위해 학과 동기였던 한 군(현재 교수)과 함께 도서관을 돌아다녔지만, 요령이 없었다. 한참 후에야 겨우 이해한 내용은 다음과 같았다.

> (증명) 임의의 양수 ϵ이 주어졌을 때, $\frac{1}{\epsilon}$ 이상의 값을 가지는 모든 n에 대하여 $\left|\frac{1}{n} - 0\right| \leq \epsilon$을 만족하는 양수 $\mathrm{N} \geq n$이 항상 존재한다.

> (번역) $\frac{1}{n}$과 0이 간격($\left|\frac{1}{n} - 0\right|$)을 '임의의 양수($\epsilon$)보다 작

게' 하더라도 괜찮게 만들어주는 충분히 큰 $N \geq n$이 존재한다.

여기서 핵심은 '임의의 양수보다 작게'라는 말의 의미인데, '한없이 다가간다'는 불확실한 표현을 수학적으로 엄밀하게 규정한 것이었다.

$\frac{1}{n}$이 0으로 '한없이 다가간다'
$\Leftrightarrow \frac{1}{n}$과 0 사이의 간격을 '원하는 만큼 작게 할 수 있다'
$\Leftrightarrow \frac{1}{n}$과 0 사이의 간격이 '임의의 양수보다 작다'

요컨대 'n이 한없이 커질 때, $\frac{1}{n}$이 0이 된다'는 직관적인 내용을 '$\frac{1}{n}$과 0의 간격을 임의의 양수보다 작게 하더라도 괜찮게 만들어주는 n 이상의 자연수가 항상 존재한다(자연수는 끝이 없으므로)'로 바꾼 것이다.

내가 이 내용을 온전히 이해하게 된 것은 그로부터 몇 년이 더 지나서였다. 무한이라는 언어가 가질 수 있는 논리적 모순(예를 들어 '무한대 + 1 = 무한대'에서 양변에서 무한대를 빼면 1 = 0이 되어 모순이 된다)을 피하기 위해 '무한'이라는 용어를 아예 사용하지 않고 등식과 부등식만을 써서 극한을 정의하려는 노력에서 등장한 ϵ증명은 미적분학이라는, 무한이 곳곳에 들어가 있는 거대한 사유의

틀이 정당화되는 과정에서 생긴 증명법이었다.

고대 그리스의 제논의 역설까지 그 연원이 거슬러 올라가는, 무한이라는 괴물을 이론적으로 극복하는 최후의 과정에서 나온 ϵ증명법이라는 매우 특이한 증명 콘셉트는 수업 시간에 몇 분 듣는다고 해서, 수학적 감각이 있다고 해서 이해할 수 있는 내용이 아니었다.

첫째 시간: 몇 명 단위로 조를 짠 다음, 조별로 처음 보는 증명에 대해 마음껏 대화를 나누고 토론한 후 질문을 뽑아 정리한다.

둘째 시간: 지난 시간의 토론 내용을 조별로 발표하고 서로 비교하며 이해도를 점검한다. 조별 발표와 상호 질문 그리고 교수님의 안내를 종합하여 최종적으로 이해하고 찾아야 할 내용을 정한 후, 공통 과제로 삼는다.

셋째 시간: 조별로 공통 과제를 조사한 내용을 발표한다. 증명의 역사적 배경과 특이한 방식이 형성된 과정에 대해 발표하면서 내용에 대한 입체적 이해가 생긴다. (이때 누군가 엡실론이 오차(error)를 의미하는 문자라는 것을 분명히 언급할 것이다.) 발표 후 교수님은 보충 설명을

통해 내용을 다시 한번 정리해준다.

이렇게 했더라면 얼마나 좋았을까 생각해본다.

처음 보는 이상한 증명 앞에서 주눅 든 학생들을 보며 교수님은 무슨 생각을 했을까. '이게 제대로 된 수학이야. 어렵고 힘들더라도 자네들 스스로 극복해야 해. 수학을 전공하겠다고 자발적으로 왔잖아.' 이런 생각을 한 건 아니었을까.

교육의 부재 속에서 형식적인 증명의 기술, 그 논리 전개의 패턴을 열심히 익히는 것 말고는 아무것도 생각할 수 없었다. 대학에도 중간고사와 기말고사는 있었으니까. 연습 문제에 적응하던 고1과 다를 게 없는 대1이었다.

그래도 대학은 대학인지라 고등학교와 다른 점이 있었다. 문화적 측면에서 가장 크게 다가왔던 점은 '함께' 공부하는 경험이었다. 대학 미적분학 교과서에는 문제만 있고 풀이가 없었다. 나는 고민 끝에 가까운 친구들 셋과 함께 팀을 구성했다. 이런 방식이었다.

1) 시험 열흘 전쯤 연습 문제를 $\frac{1}{4}$씩 분배한다.
2) 약속한 날짜에 학교에 모여서 각자 만들어 온 풀이를 모아 모범 답안을 만든다.
3) 모범 답안을 열심히 공부한다.
4) 시험을 치른다.

그 모질었던 고등학교 때의 수학 공부도 의미가 없었던 건 아니었다. 힘들어도 이리저리 찔러보면서 버티는 능력, 머리와 손을 통해 단련된 기호를 사용하는 능력은 대학에서 수학 문제를 다루는 과정에도 어느 정도 유효했던 것이다. 혼자서 도저히 풀 수 없었던 문제가 여럿이 모여 이야기하는 과정에서 풀리는 기적도 경험했다.

고등학교 때까지의 수학과 구분되는 대학 수학의 핵심은 '연역(deduction)'이었다. 연역이란 전제로부터 결론으로 연결되는 필연적 과정(유일한 길)을 말한다. 간단한 예를 들어보겠다. 다음은 지렛대의 원리라고 부르는 내용이다.

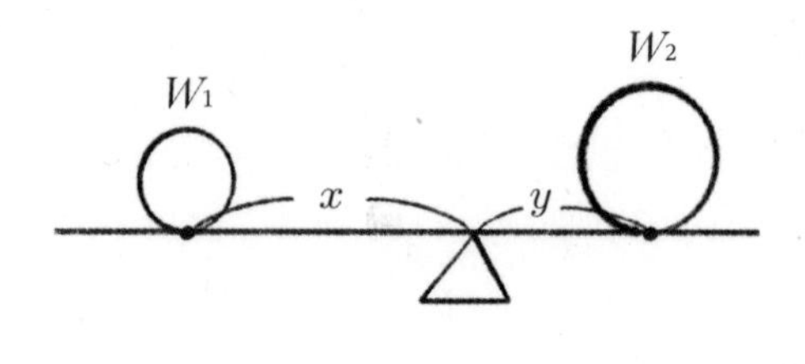

$W_1 : W_2 = y : x$

편의상 구체적인 수치를 가지고 설명해보겠다. 정확히 똑같은 무게(예를 들어 2)를 가진 두 물체를 저울의 양쪽에 올린다면, 저울추가 정확히 중앙에 올 때 균형을 이룬다. 누구나 이것을 기본 전제(공리)로 받아들이는 데 문제가 없다.

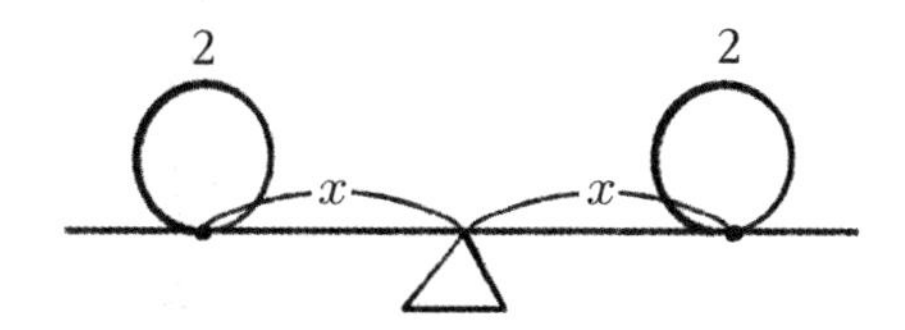

이제 양쪽의 무게가 서로 다른 상태(예를 들어 2와 3)에서 저울이 균형을 이루려면 저울추의 위치가 어떻게 되어야 할까? 당장 저울의 추를 이리저리 움직여서 균형점을 경험적으로 찾을 수 있다. 하지만 수학은 이런 실용적인 해답에 만족하지 않는다. 시행착오라는 우연에 기대지 않고 명확하고 필연적인 과정을 거쳐 확실한 위치를 찾으려 한다. 다음 그림을 보자.

지레의 원리(Archimedes)

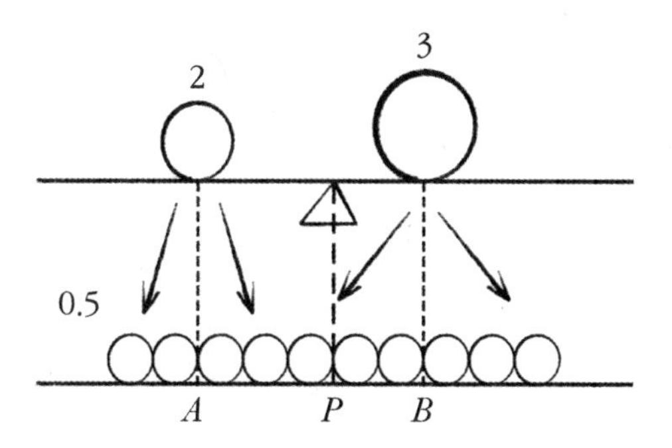

2와 3을 0.5의 무게 4개와 6개로 각각 쪼개서 나열하는 방식을 통해 '같은 무게(=0.5)의 물체들을 저울에 올린다면 저울추가 정확히 중앙에 올 때 균형이 이루어진다'는 기본 사실로 변형시킴으로써 이론적으로 완벽한 위치, 즉 $AP:PB=3:2$를 만족하는 P를 얻는다. 하필 0.5의 무게로 쪼갠 이유가 무엇인지 불편함을 동반한 궁금증이 생길 수 있다. 지극히 정당한 질문이다. 사실 0.5로 쪼개든, 0.2로 쪼개든, 0.1로 쪼개든 아무 상관이 없다(실제로 0.1로 쪼개서 해보기 바란다).

자연과학 전반에 널리 응용되는 이 원리는 경험이나 실험이 아닌, 순수 논리(바로 연역!)로 증명된 것이다. 어떤 교수님은 고등학교 때까지의 수학이 정답 구하기 놀이인 이집트 수학이라면, 대학 수학부터는 논리와 이성을 통한 엄격한 증명 놀이인 그리스 수학이라고 말했다.

한편 연역, 즉 순수 논리를 극한까지 밀고 들어가면 '존재 증명'이라는 것을 만난다. 중고등학교 때 만나는 수학 문제들은 모두 답이 있다는 전제를 깔고 있었다. 하지만 대학 수학의 세계는 달랐다.

A의 존재성을 증명하지 않은 상태에서 A를 찾으려고 애쓰는 것은 헛고생으로 귀결될 위험성이 있다는 깨달음으로부터 존재 증명이라는 장르가 19세기 초에 생겨났다. 존재 증명이란 말 그대로 어떠한 대상이 '존재한다'는 사실 그 자체에 대한 증명이다.

존재 증명이라는 새로운 탐구를 통해 수학자들은 문제의 답이 '존재한다'는 사실은 그것을 '구할 수 있다'는 사실과 다른 의미를 지닌다는 것을 알게 되었다.

독일의 어떤 수학자가 18세기 말에 다음 명제를 증명했다.

(복소수 범위 내에서) 모든 n차 방정식은 근을 가진다.

그러니까 우리가 어떤 방정식을 만나든 반드시 그 방정식을 만족하는 답이 존재한다는 의미다. 그런데 얼마 후인 19세기 전반에 프랑스의 어떤 수학자가 다음 명제를 증명했다.

(복소수 범위 내에서) 5차 이상의 방정식은 근의 공식이 존재하지 않는다.

근의 공식이란 가감승제와 거듭제곱근으로 구성된, 근을 구하는 일반적인 알고리즘을 말한다. 우리가 학교에서 배우는 1, 2차 방정식은 근의 공식이 존재한다. 3차방정식과 4차방정식도 근의 공식이 존재하기 때문에 기계적으로 근을 구할 수 있다.

하지만 5차 이상의 방정식을 만나면 근을 구하는 것은 그야말로 운에 기대야 한다. 개별 방정식의 모습에 따라 근을 구할 수도 있고 구하지 못할 수도 있다는 뜻이다. 하지만 어떤 방정식이건 근은 반드시 존재한다.

두 수학자가 발견한 사실을 종합하면 5차 이상의 방정식은 항상 근이 존재하지만 그것을 구할 수 있는 '일반적' 방법이 없다는 결론에 도달한다. 여기서 우리는 이런 고민(또는 모순)에 빠질 수 있다. 분명 근은 존재하지만, 그 근을 구할 수는 없다? 근을 구할 수 없다면, 존재하지 않는다고 해야 하지 않을까?

하지만 방정식의 근이 존재한다는 사실은 근의 공식(근의 구체적인 모습)이 존재한다는 사실과 구분되는, 그 이전의 심층적인 사실이다. 어떤 대상(또는 사실)이 '존재함'을 밝히는 과정은 그것의 구체적인 모습을 인지할 수 있는 사고력을 넘어선, 더욱 근본적인 논리를 작동시키는 과정이라는 뜻이다. 연역(순수 논리)의 힘은 이렇듯 존재의 밑바닥까지 우리의 생각을 가져간다.

13

대학 문화의 또 다른 측면은 문자 그대로 자유로운 분위기였다. 1학년 초, 필수 과목이었던 영어를 수강할 때의 이야기다. 영문학자였던 황 교수님은 저명한 소설가의 아들이자, 꽤 알려진 시인이었다.

수업은 매우 빡빡하게 진행되었다. 돌발적이고도 날카로운 질문에 제대로 대답을 못하면 심하게 혼나는 분위기여서, 영어를 좀 한다는 학생들도 잔뜩 긴장한 채 교실에 들어오곤 했다. 나 또한 poor를 '가난한'으로 번역했다가 혼난 경험이 있었다(문맥상 '불쌍한'이 적절한 번역이었다). 힘들었지만, 영문 독해법에 대해 많은 걸 배운 수업이었다.

중간고사 전 시간에 교수님이 말했다.

"본문을 가급적 많이 읽어 오세요. 이건 '영어' 시험이 아닙니다."

시험 당일, 교수님은 B4 규격의 시험지 다발을 들고 들어왔다. 시험지 겸 답안지를 받자, 놀라움과 걱정과 추억이 동시에 겹쳐지면서 오히려 마음이 편안해졌다. 시험지에는 교과서 본문 내용이 그대로 빽빽이 기록되어 있었는데, 중간중간에 빈칸 수십 개가 표시되어 있었던 것이다. 영어 실력이 아니라 그야말로 교과서 내용을 얼마나 잘 기억하느냐가 곧 점수로 매겨진다는 뜻이었다.

황당해하는 우리에게 교수님은 말했다. "무릇 시험이란 공부한 시간'만큼' 비례해서 점수를 받을 수 있어야 정의로운 거다." 그리고 당신은 분명히 '힌트'를 주었노라고 말했다.

본인의 '영어 실력'을 믿고 몇 번 대충 훑어본 대부분의 수강생들은(나를 포함해서) 그야말로 폭망할 수밖에 없었다. 들인 시간에 비례해서 점수가 주어져야 한다는 교수님의 기준에 동의하지는 않았지만, 교수님의 발상과 확신에 찬 행동이 내 사고를 열어준 느낌을 받아서 기분은 나쁘지 않았다.

물론 교수라는 직위가 이런 과감한 시도를 가능하게 해주었겠지만, 경험에 따르면 틀에 박힌 교수들이 압도적으로 많았다. 영어 독해법을 배우는 것보다 귀한 경험이었다. 훗날 내가 학생들에게 '수학 듣기 평가 시험'을 할 수 있었던 배경이 되기도 했다.

대부분이 공리와 정리로 이루어진 대학 수학은 역설적으로 고등학교 수학보다 적응하기가 쉬웠다. 기하학, 대수학, 해석학 등 교과서 내용은 모두 달랐지만, 기본 용어를 정의(define)하고 그 정의에 의거해서 새로운 정리(theorem)를 증명(prove)하는 전개 방식은 동일했다. 그리고 정의(또는 공리)에서 약속된 논리 전개 패턴만 어느 정도 익히면 심각한 고민 없이 학점을 받을 수 있었다. 싱크로율 100%의 상황이었다.

내용이 워낙 진지하고 어려우니 교수님들이 문제를 쉽게 낼 수밖에 없었던 탓도 있었다. 대학의 전공 수학 시험문제를 고등학교 방식으로 냈다가는 학과의 존립이 위태롭지 않았을까 하는 생각이 든다(그럼에도 동기생 두 명은 휴학 후 자퇴했다). 기초 현대 대수학(Modern Algebra) 과목을 가르치던 김 교수님은 아예 시험에 나올 문제를 미리 가르쳐준 후 시험을 봤는데, 아마도 '이 정도만 확실히 알아도 계속 공부해나갈 수 있으니까, 힘내라, 이놈들아. 자꾸 휴학한단 소리하지 말고' 하는 마음이 아니었을까.

개념이나 공리의 '배경'과 '근거'는 궁금한 사람의 몫이었다. 고등학교 때와 마찬가지로, (적어도 내게는) 진짜 공부는 강의실 바깥에 있었다. 지적 방황이라는 측면에서 나는 태생적으로 아웃사이더였다.

본격적인 방황을 시작하려는 와중에 미뤄두었던 군 소집 영장이 나왔다. 담배 케이스와 가루 커피 그리고 전기면도기를 선물해준 34명의 동기들에게 눈물로 작별을 고하고 부산행 기차를 탔다. 동기생들 중 처음으로 군대를 갔다. 다음 해 내 생일에는 학과 친구들이 보내준 롤링페이퍼와 학과 티셔츠가 도착했다. 참 고마운 친구들이었다.

롤링페이퍼에 쓰여 있던 애정 어린 문구들 중에 지금도 기억나는 문구가 하나 있다.

> 우석 군, 양키의 용병으로 살아가는 만큼 몸조심하게
>
> (지도 교수 조○○)

1년 6개월의 짧은 군복무를 마치고 다시 1학년으로 복학한 내게 한 군이 책을 추천해주었다. 부산 출신인 동기생 한 군은 개념의 의미와 배경에 대한 나의 호기심을 잘 알고 있던 친구였다. 내가 궁금해하던 많은 것들이 책에 담겨 있었다. 피타고라스부터 처음으로 알게 된 힐베르트라는 멋있는 이름의 수학자까지, 2,000년이 넘는 역사를 종횡으로 가로지르며 수학이 과학, 예술, 철학 등과 영향을 주고받으면서 지금의 모습으로 진화해온 역사가 담겨 있었다.

이 책을 통해 처음으로 수학사를 접했다. 무엇보다도 수학사라는 단어가 좋았다. 수학이 딱딱한 진리가 아니라 사람들의 역사라는 말을 들으면 왠지 마음이 편안해졌고, 비정할 정도로 엄격하고 무겁기까지 한 대학 수학 교과서를 매일 들고 다니는 데 정서적 위로가 되었기 때문이다. 지동설과 천동설이 지극히 수학

적인 계산을 둘러싼 문제였다는 것도 재미있었고, 노벨 문학상을 수상한 버트런드 러셀이라는 철학자가 수학과 출신이며 수학자에서 출발한 철학자였다는 것도 놀라웠다.

그중에서도 가장 흥미를 끈 부분은 수학의 학파 이야기를 담은 마지막 부분이었다. 수학에 학파가 있다니! 수는 가치를 철저히 배제하는 가치 중립적 진리인데, 수학에 학파가 있을 수 있을까? (나중에 알게 되었지만, 수학 철학(philosophy of mathematics)*에 해당하는 부분이었다.)

책에 담긴 내용을 모두 이해하지는 못했기에, 궁금한 부분을 정리하여 한 군에게 물어봤다. 3학년이었던 한 군은 학점을 이수하느라 무척이나 바빴고, 책 내용을 모두 알고 있지는 못했다. 기본적인 대화를 나누었지만, 어차피 궁금증을 해결하는 것은 내 몫이었다.

당시는 지금과 달리 수학과 관련된 교양 도서가 국내에 많지 않았다. 아니, 거의 없었다. 그나마 있었던 외국 도서는 영어 실력이 부족한 내게는 무용지물이었기 때문에, 나는 틈이 날 때마다 도서관을 뒤지며 수학사에 관한 책을 찾아다녔다. 휴일에는 광화문에 있는 대형 문고 수학 코너에서 책을 뒤졌다. 자료와 기초 지식의 부족, 어설픈 사유 능력과 시간의 부족(휴일에는 학비와 하숙비

* 수학적 지식의 철학적 근거를 탐구하는 분야다.

를 벌기 위해 아르바이트를 해야 했다) 때문에 진도는 매우 더뎠다.

아르바이트와 관해 생각나는 이야기가 있다. 휴대폰이 없던 시절이어서 학과 전화로 중고생 과외 아르바이트 구인 정보가 들어오면, 그때그때 연락된 사람(그러니까 딱 맞춰서 학과 사무실에 들른 운 좋은 사람)이 일을 잡았다. 나도 그중 하나였다.

당시 세속적인 기준에서 나는 명문대 수학교육과 학생이었기 때문에 아르바이트비는 후한 편이었다. 휴일에 아르바이트를 해서 번 돈으로 하숙비와 용돈을 해결했다. 나는 하숙집에 있는 학생들이 나와 같은 방식으로 아르바이트를 하는 줄 알고 있었다. 실제로 대부분 그랬다. 한 친구만 빼고 말이다.

국사학과 2학년이었던 홍 군은 휴일에도 아르바이트를 하지 않고 방에 틀어박혀 책을 읽으며 빈둥거렸다. 집에서 학비를 부쳐주는 부잣집 친구인가 보다고 생각했는데, 겨울방학이 되자 홍 군이 안 보였다. 홍 군은 꽤 시간이 지난 후에야 하숙집으로 돌아왔다. 나중에 알고 보니 대관령에 있는 스키장 건설 현장으로 일하러 간 것이었다. 그것이 그의 아르바이트였다.

홍 군과 비교적 친한 사이여서, 저녁 식사 후에 홍 군 방으로 찾아갔다. 홍 군은 언제나처럼 방구석에 누워 책을 보고 있었다.

"물어볼 게 있는데."

홍 군은 잠시 머뭇거렸지만 내 표정을 보고 곧 진지하게 대답했다. 홍 군도 이전에 중고생 과외 아르바이트를 했으며 학비와 용돈을 충분히 벌었다고 했다.

"그런데 아무리 생각해도 일주일에 네 시간 일하고 한 달에 30만 원 받는 게 너무 과한 거 같더라고요."

'너무 과한 거 같다'는 짧은 표현에 담긴 생각과 경험의 무게가 느껴졌다. 계속 고민하던 어느 시점에, 홍 군은 '노력에 비해 과한 월급'을 포기하고 건설 현장 아르바이트를 구했다. 방학이 아닌 날에는 주유소 아르바이트도 겸하면서 말이다.

그로부터 6년 후, 교직에 부임한 이듬해에 나는 퇴근하던 지하철에서 우연히 홍 군을 만났다. 검정 싱글 양복 차림의 그는 예전과 똑같은 표정으로 책을 보고 있다가, 맞은편에 앉아 있던 나를 발견하고는 환하게 웃었다. 홍 군은 환경 관련 시민단체에서 일하고 있다고 했다. 그에게 잘 어울리는 일이라는 생각이 들었다. 우리는 지하철 플랫폼에서 자판기 커피를 나누고 헤어졌다.

후배들과 생활해야 하는 복학생이었지만, 대학 생활은 여러 가지로 편했다. 함께 모여 공부하고 놀러 다니면서, 후배들이 모두 나를 친구처럼 챙겨주고 배려해주었기 때문이다.

수학사 교재가 귀하기도 했지만, 애초에 학과 공부와 수학사 공부를 병행할 만한 능력이 내게는 없었다. 후배들의 도움으로 학점을 겨우 이수하며 겨울방학을 기다렸다.

방학이 되자, 시내의 대형 서점으로 매일 출퇴근을 했다. 압도적인 경건함으로 위압감을 주는 도서관보다는 시내에 있는 시끌시끌한 대형 서점이 좋았다.

매일 차비와 커피값만 들고 시내로 출퇴근하던 어느 날, 함께 하숙방을 사용하던 친구가 이사를 나갔다. 외풍이 심해서 아침에 일어나면 머리 위로 찬 바람이 부는 방이었기 때문이다.

안 그래도 추운 방인데 나 혼자 남으니 더 춥게 느껴졌다. 독방은 하숙비도 비쌌기 때문에, 나도 하숙방을 옮기겠다고 집주인 아주머니에게 말했다. 아주머니는 곤란한 표정으로 잠깐 기다려 보라더니, 안쪽 큰방으로 가는 게 어떻겠냐고 제안했다. 넓고 따뜻하고 이삿짐을 쌀 필요가 없었으므로, 바로 승낙했다.

그 방엔 몇 살 위의 졸업생 형이 살고 있었는데, 매일 10시면 잠자리에 들 만큼 바른 생활 사나이였다. 청교도 같은 룸메이트 덕분에 나도 단순하고 건강한 생활을 할 수 있었다. 하지만 그 생활도 얼마 못 가 끝났다. 몇 개월 후 내가 집을 비운 사이에, 형은 주인아주머니에게 은행에 취직됐다는 말을 남기고 다른 곳으로 이사를 가버린 것이다.

아주머니는 새 룸메이트가 구해질 때까지 2인실 비용만 받았다. 나로서는 고마운 일이었다. 넓은 방에서 짐 정리를 하는데, 옷 한 벌이 보이지 않았다. 내 생일과 군 제대 날짜가 겹쳤기 때문에, 제대 기념으로 아버지가 사준 가죽 사파리였다. 내가 가진 것 중에 가장 비싼 옷이었다.

사파리가 사라진 것을 안 순간, 언젠가 아르바이트가 끝나고 늦게 집에 돌아왔을 때, 룸메이트 형이 트레이닝복 위에 그 옷을 입고 거울 앞에 서 있던 게 생각났다. 나이를 내세우지 않고 편안하게 대해준 형이었다. 일요일 낮이면 가끔 토스트를 사주고, 아르바이트가 없는 주중 휴일에 함께 여의도에 자전거를 타러 갔던 정감 있는 형이었는데…….

눈에 보이는 걸 그대로 믿어서는 안 된다는 교훈은 현실뿐 아니라 수학의 세계에도 그대로 적용되었다. 2학년 1학기 기하학 시간이었다. 전공 필수 과목이었는데, 상당히 특이한 이름을 가진 교수님이 강의를 했다. 첫 시간에 교수님은 수강생의 이름을 부르고 5초쯤 뚫어지게 쳐다본 후 다음 학생의 이름으로 넘어갔다. 대리출석을 방지하기 위해서라지만, 상당히 부담스러운 방식이었다.

수업은 서로 다른 기하학 시스템에 대한 내용이었다. 이런저런 기하학의 세계가 펼쳐졌다. 도형의 성질을 공부하는 게 아니라 도형이 성립하는 세계의 시스템에 대한 이야기였다. 처음 접하는 세계였다. 그 세계에서는 직사각형을 그릴 수 없었고, 삼각형의 내각의 합도 180도가 아니어서 닮은 도형도 그릴 수 없었다(복잡한 증명이 필요하다).

교수님은 "이 세계에서는 실사 크기의 사진만 가능해요"라는 말로, 닮은 도형이 존재할 수 없는 세계가 어떤 느낌인지 알려주었다.

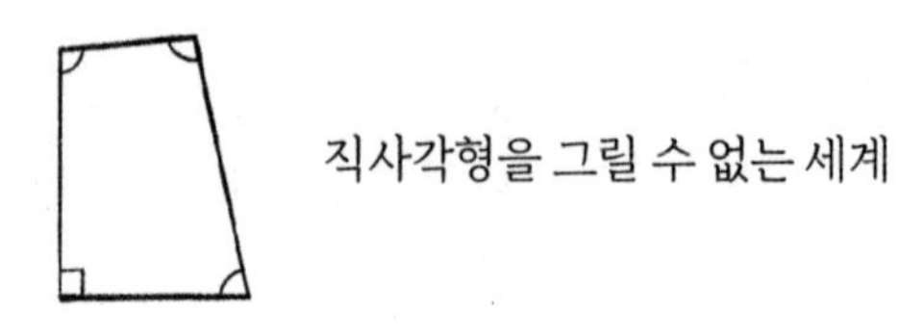

서로 다른 시스템은 평행선과 관계있었다. 평행선은 아무리(무한히) 연장해도 다른 직선과 결코 만나지 않는 직선이다. 아래 그림에서처럼 점 P를 지나면서 아래의 직선과 평행한 직선을 유일하게 한 개만 그을 수 있는 세계가 우리가 잘 아는 평평한 세계다.

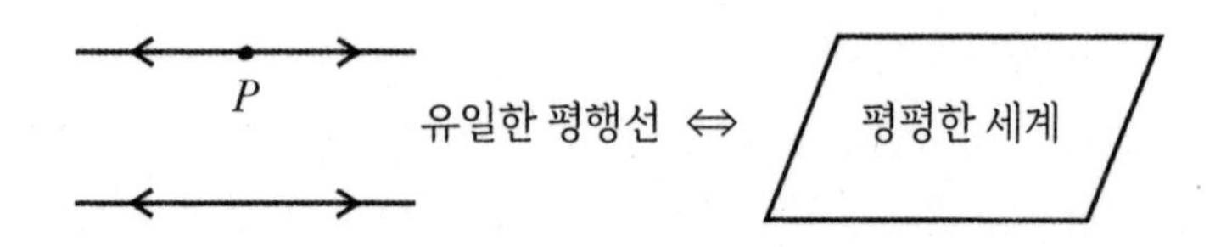

이 세계에서는 삼각형의 한 변이 줄어들거나 늘어나는 비율만큼 다른 변도 똑같이 줄어들거나 늘어나기 때문에, 닮은 도형도 존재하고 삼각형의 내각의 합은 180도이며 피타고라스 정리도 성립한다(사실 세 가지는 본질적으로 같은 내용이다). 직관적으로 확실

한 만큼 유일한 세계로 느껴진다. 하지만 이것이 유일한 세계인 것은 아니다. 다른 '전제(공리)'를 수용하면 다른 세계가 펼쳐진다.

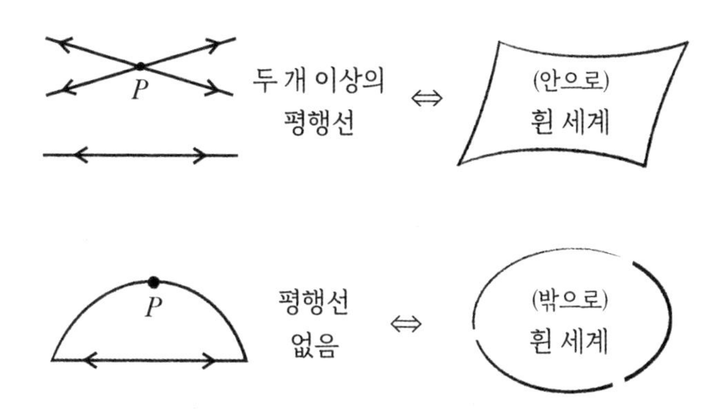

우리는 유한한 존재라서, 직선을 무한히 연장할 때 어떤 일이 생길지 직관(감각)으로는 알 수 없다. 알 수 없으므로 속기도 쉽다. 직관을 보류하고 논리로만 말할 때, 직선을 무한히 연장한다면 그 직선이 속한 세계가 어떤 세계(시스템)인가에 따라 '모든' 일이 가능하다는 것이 기하학의 가장 위대한 발견이었다.

인류는 오랫동안 자신이 딛고 있는 땅이 평평하다고 믿었지만, 사실 휘어 있는 표면의 아주 작은(그래서 평평하다고 착각하기 쉬운) 일부였다는 것을 16세기에 와서야 비로소 알게 된다(수학적 증명은 한참 후에 이뤄졌다). 우리가 사는 세계(지표면)가 평행선이 없는 세 번째 시스템의 일부였음에도, 평평한 세계인 첫 번째 시스템으로 착각해왔던 것이다. 각각의 인간은 지구의 크기에 비하면 극히 조그마한 존재였기 때문이다.

하지만 인간은 논리를 통해서 익숙한 감각이 가질 수밖에 없는 한계를 넘어서 더 큰 세계로 나갈 수 있었다. 이후 수학자들은 세계(우주)가 휜 정도를 계산하는 공식을 만들고, 그 공식을 통해 우주 공간의 구조를 파악해낼 수 있었다.

예를 들어 (항상 최단 시간 루트를 택하는) 빛이 특정 공간에 심각하게 휘어 들어간다면, 그 정도를 계산해서 해당 공간의 뒤틀린 정도를 알 수 있다. 근처를 지나던 빛이 해당 공간에 빨려 들어간 후 나오지 못할 정도로 아주 강하게 안쪽으로 휘어 있는 세계를 블랙홀이라고 부른다. 이 모든 것은 무한에 대한 논리적 접근이 얻어낸 결과였다.

대학 미적분 시간에 처음 만난 ϵ증명도 따지고 보면 '무한히' 다가간다는 개념을 직관이 아닌, 논리로 극복하는 과정에서 발생한 결과물이었다.

논리에 대한 엄밀한 추구를 통해 내 감각도 더 섬세해졌다. 유한과 무한의 경계선이 순수 논리를 통해 점차로 사라짐에 따라 못 보던 것을 보게 되고, 보던 것을 다르게 보게 되었다. 직관은 논리와 분리되지 않고 함께 진화해온 것이다.

경험이 쌓인다고 지혜가 되진 않는다. 어른의 감각이 어린아이의 그것과 다른 이유는 경험의 유무가 아니라 경험을 해석할 수 있는 논리의 존재 유무다.

미적분학 수업과 기하학 수업을 통해 '엄밀한' 수학이라는 문화적 혁명의 배경과 성과, 그 사고의 확장 과정을 이해하게 되어 무척이나 기뻤다. 그리고 여름방학부터 나는 수학사를 다시 읽기 시작했다.

14

진눈깨비가 내리는 늦가을의 밤이었다. 지하 1층에 있는 서점 안에는 겨우 여남은 명이 서성이고 있었다. 수학이 아닌 과학 코너에서 만난 그 책은 특이한 제목 때문에 바로 눈이 갔다. 번역서였는데, 표지에 2면상인 야누스의 얼굴이 그려져 있어서 소설책 같은 독특한 분위기를 풍기고 있었다. 아무튼 수학 책 같지 않은 수학 책이었다.

나는 1미터가 조금 넘는 오래된 진갈색 목재 책장에 기대어 책을 열었다. 차례의 끄트머리에 쓰인 문장은 말할 수 없이 매혹적이었다. 그 페이지를 열었다. 내용은 이랬다.

1) 수학은 완전하지 않다.

2) 수학에 모순이 없다는 보장은 없다.

수학의 불완전성이 수학적으로 '증명'된다는 사실은 실용적이지 않은 나의 호기심에 정점을 찍었다. 세상의 어떤 학문이 자신이 완전하지 않음을 스스로 증명한단 말인가. 그리고 모순이 없다는 보장이 없다니. 그럼 수학이 모순투성이라는 말인가? 수학이 철학의 가장 순수한 형태라는 것은 문학적인 표현이 아니었다. 나는 책을 사서 하숙집으로 돌아왔다.

그 책은 중남부 유럽 출신의 어떤 수학자(이자 논리학자)가 수학이라는 추상 세계를 반석 위에 올려놓으려는 야심 찬 의도에서 증명에 착수한 결과, 정반대의 결론을 도출한 아이러니한 이야기로 시작하고 있었다.

> 수학은 완전하지 않다(incomplete). 즉, 증명이 가능한지 불가능한지 영원히 알 수 없는 명제가 수학에 존재할 수밖에 없다.

병원균을 품에 안고 살아갈 수밖에 없는, 그래야 생명이 유지되는 인간이라는 존재처럼, 수학은 불완전하다는 말이었다. 한 가지 의문이 들었다. 혹시 수학이 불완전하다는 내용 자체가 불완전한 건 아닐까 하는 의문이었다. 언젠가 증명이 부정되고, 수학은 알고 보니 완전한 체계였다는 새로운 증명이 나타나지 않을까 하는 의문 말이다.

나는 증명 내용을 꼼꼼히 읽어보기로 했다. 중남부 유럽 출신의 젊은 수학자는 처음에는 수학이 완전하다는 자신의 가설을 증명하려고 했다. 황당한 목표였지만, 어떻게든 이 어려운 과업에 도전해야 했다. 그는 먼저 '완전함'을 수학적으로 명확히 이해하는 일부터 시작했다.

진리는 참인 명제다. 어떤 명제가 참(True)이라는 것은 '이미 참으로 확인된 전제로부터 논리적 추론을 거쳐 증명되었음'을 의미한다. 수학에서 사용하는 '이미 참으로 확인된 전제(공리)'는 자연수 체계다. 모든 수학적 지식은 자연수에서 출발하기 때문이다. 요컨대 어떤 명제가 자연수의 성질로부터 증명되면 참이고, 반증되면 거짓이다.

> 참 : 자연수 성질로부터 논리적으로 증명됨
> 거짓 : 자연수 성질로부터 논리적으로 반증됨

참과 거짓이 '증명'에 따라 결정되는 만큼, 중요한 것은 자연수 체계, 즉 자연수의 성질로부터 참/거짓의 증명이 가능한가의 여부다. 따라서 젊은 수학자는 완전함(completeness)에 대한 다음의 명확한 정의로부터 증명을 시작할 수 있었다.

> 완전함 : 자연수의 기본 성질 안에서 증명할 수 있거나

반증할 수 있음

여기까지는 상식적이고 이해할 수 있는 전개다. 하지만 다음 단계에서 젊은 수학자는 폭탄을 터트린다. 자연수 체계로부터 증명(긍정)도, 반증(부정)도, 모두 불가능한 명제가 실제로 존재할 수 있음을 보여준 것이다.

> 자연수론을 포함한 임의의 공리 체계로부터 증명도, 반증도 불가능한 명제가 '반드시' 존재한다(참인지 거짓인지 판단 불가능한 명제가 반드시 존재한다).

증명도, 반증도 불가능한(결정 불가능) 명제의 존재 증명! 이 발견은 다음과 같은 결론으로 이어진다.

> 수학 체계는 완전하지 않다.

수학 체계는 완전하지 않다는 것은 우리가 어떤 공리 체계를 만들어도 적어도 하나 이상의 명제가 그 체계 '바깥에' 항상 존재한다는 뜻이다. 법 조문을 아무리 촘촘하게 만들어도 그 법 조문의 논리가 닿는 경계의 바깥에서 일어나는 사건이 항상 존재하는 것처럼.

이렇게 수학의 완전성을 포기한 젊은 수학자는 수학의 무모순성을 점검한다. 비록 완전하지는 않더라도 공리 체계에 모순만 없다면 (전체는 아니어도) '많은' 진리를 알아낼 수 있고 현실에서 사용할 수 있기 때문이다. 법에 논리적인 모순이 발생하지 않는다는 보장이 있다면 많은 어리석은 분쟁들을 합리적으로 정리해 줄 수 있는 것처럼 말이다.

그러므로 완전성은 포기하더라도 무모순성은 지켜야 했다. 젊은 수학자는 치열한 탐구 끝에 다음과 같은 미묘한 결론에 도달한다.

수학 체계의 무모순성(consistency)은 증명 불가능하다.

이것은 수학이 모순을 포함하고 있다는 말이 아니다. 다만 자신 속에 모순이 숨어 있는지 아닌지를 스스로 증명할 수 없다는 의미다. 예를 들어 임의의 공리 체계 S를 구성해서 수학을 전개해나갈 때 S로 만들어진 수학에 영원히 모순이 발생하지 않는다는 보장을 S 스스로는 할 수 없다. 즉, S를 정당화하려면 S 바깥으로 나가야 한다.

이제 공리 체계 S의 무모순성을 보장하기 위해서 (그것을 가능케 하는) 새로운 공리 s_1을 찾아서 S에 추가하여 공리 체계 $S+s_1$을 다시 구성한다. 보정된 공리 체계 $S+s_1$은 S의 안전성(무모순성)을 보장하는 만큼 이 공리 체계로 많은 확실한 결과들을 만들어내고 현실에 응용하며 수학을 발전시킬 수 있다. 하지만 이렇게 새로 구성된 $S+s_1$은 또한 자신의 무모순성을 스스로 증명할 수 없다. 수학적 탐구의 특정 시점에서 우리는 다시 공리 체계 $S+s_1$의 무모순성을 보장하기 위해 (그것을 가능케 하는) 새로운 공리 s_2를 찾아서 $S+s_1$에 추가하여 공리 체계 $S+s_1+s_2$를 새로이 구성할 것이다. 더욱 보정된 공리 체계 $S+s_1+s_2$는 $S+s_1$의 안전성(무모순성)을 보장하는 만큼 더 많은 새로운 결과들을 만들어내고 현실에 응용하며 수학을 발전시킬 수 있다. 하지만 이렇게 새로 구성된 $S+s_1+s_2$는 또한 자신의 무모순성을 스스로 증명할 수 없다…….

이렇듯 수학 시스템이 완전하지 않으며(난 결코 모든 것을 알 수는 없다) 또 모순이 발생하지 않음을 스스로 증명할 수 없다는 사실(내가 알아낸 게 진리라는 보장도 없다)은 수학이라는 지식 체계가 하나의 절대적인 기준에 의해 자체적으로 완성되는('모든' 진리를 '확실히' 보장할 수 있는) 닫힌 세계가 아니라, 시스템 바깥과 소통하며 계속해서 수정과 보완을 해나가야 하는 열린 세계라는 결론으로 이어진다.

수학이 완전하지 않기 때문에, 또 자신의 무모순성을 증명할 수 없기 때문에 자신의 경계를 계속 움직이면서 다양한(예측 불허의) 모습으로 필요한 상황에서 필요한 역할을 통해 우리의 삶을 풍요롭게 만드는 게 아닐까. 순수 논리의 엄밀한 결론. 과도한 해석일 수도 있지만, 아무튼 나는 그렇게 느꼈다.

15

모든 것은 어떻게 '시작'하느냐에 달려 있다. 시작은 단순히 시간적인 처음이 아니라, 그 일의 정체성을 규정짓고 그럼으로써 방향성을 정하는 행위이기 때문이다. 그래서 비슷한 생각과 목적을 가지고 있어도 시작을 어떻게 하느냐에 따라 결과는 판이해질 수 있다.

수학 시스템의 불완전성 증명이라는 예상을 뛰어넘는 결과는 완전함에 대한 명확하고 구체적인 정의 때문에 가능했다고 생각한다. 증명에서 가장 중요한 부분은 기발하고 화려한 전개가 아니라, 소박하지만 분명한 시작에 있었다.

'제논의 역설'이라는 것이 있다. 정말 황당한 내용인데, 그중에 가장 황당한 것이 '날아가는 화살은 날지 않는다'는 것이 아닌가 싶다. 주장의 요체는 이렇다.

전제 1) 매 순간 화살은 정지해 있다.

전제 2) 시간은 순간을 모은 것이다.

전제 3) 정지(순간)를 모은다고 운동이 되지는 않는다.

결론) 따라서 날아가는 화살은 날지 않는다.

경험에 위배되는 이 주장의 논리를 깨려고 많은 사람이 도전했지만, 딱 맞아떨어지지 않았다. 그런데 비슷한 시대의 한 철학자가 이를 논파했다. 그는 다음과 같은 의문을 던졌다. 이 문제는 정지와 운동에 대한 이야기다. 따라서 정지가 무엇이고 운동이 무엇인지부터 명확히 해야 한다.

정지 : 일정한 시간이 흘렀을 때 위치를 바꾸지 않음

운동 : 일정한 시간이 흘렀을 때 위치를 바꿈

이제 문제는 쉽게 해결된다. 정지나 운동 모두 '일정한 시간이 흘렀음'을 전제하기에, 정지를 순간(시간이 흐르지 않은)과 연결시킨(전제 1) 제논의 논리가 곧바로 논파되기 때문이다. 문제 해결에 있어서 시작은 반이 아니라 모든 것이다(The beginning is the whole).

1) $a^x = b$일 때, $x = log_a b$라고 정의한다.

← 고등학교 로그 단원의 시작

2) 집합 X에 속하는 임의의 원소 x에 대하여, 집합 Y에 속하는 단 하나의 원소 y가 존재하여 $f(x) = y$가 성립할 때, X와 Y 사이에 함수가 존재한다.

← 고등학교 함수 단원의 시작

3) 점은 쪼갤 수 없는 것이다.

← 유클리드 기하학 체계의 시작

⋮

이는 모두 학교에서 교과서를 통해 배운 내용이며, 그 시작의 예시다. 요즘은 그래도 이런 내용들을 시작하면서 소소한 역사적 배경이나 응용이 제시되지만(그럼에도 부족한 감이 있다), 예전에는 그마저도 없었다. 지수 표기가 이미 있는데 그걸 뒤집어서 굳이 로그라는 표기를 만든 이유가 무엇인지도 모른 채 일방적으로 로그 기호를 배우는 것은 학생의 정서에 좋지 않은 영향을 미칠 가능성이 크다.

함수의 경우는 더 심하다. 애초에 곡선의 방정식(원, 타원, 포물선 등)을 지칭하는 데서 시작된 후, 시간(X: 독립 변수)에 따른 대상(Y: 종속 변수)의 변화를 묶어서 관계(f: 둘 사이에 존재하는 규칙)적으로 이해하려는 노력으로 확장되었고, 나중에는 두 대상 사이에 존재할 수 있는(규칙이 있건 없건) 모든 대응 관계를 포괄하는 방식으로, 요컨대 역사적으로 몇 번이나 바뀌고 수정되어 지금 교과서에 실려 있는 모습이 된 것이다. 그런데 이런 과정에 대한 설명 없이 함수라는 추상적인 개념을 최종 형태로만 제시한 후 문제를 풀라고 하는 것은 최신형 총을 한 번만 쏴보게 한 후 전쟁터에 나가라는 것과 다를 바 없다.

이 글을 읽는 성인 중에 학창 시절에 배운 함수(function) 개념에 대한 구체적인 이미지를 가지고 있어서 일상생활에서 함수라는 단어를 비유적으로 자연스럽게 사용할 수 있는 사람은 많지 않을 것이다. 중요한 건 개개 함수에 대한 지식보다는 '함수적(관계적)'으로 사태를 이해할 수 있는 능력이다.

유클리드는 점을 '쪼갤 수 없는 대상'으로 정의하고는 그렇게 정의해야 하는 이유를 전혀 제시하지 않았다. 그래서 그가 쓴 기하학 책은 고전의 반열에 오르고도 그만큼의 악평을 들어야 했다. 개념을 그렇게 정의한 이유나 배경을 말하지 않고 사람의 정신을 자신이 원하는 방향으로 이끌며 지배했다는 것이다. 실제로 20세기의 어떤 수학자는 유클리드를 사악한 천재라고 말하기도 했다.

사실을 말하자면, 점은 맥락에 따라 다르게 정의될 수도 있다. 내가 배운 어떤 과목(수학)에서는 점을 '주변과 구분되며 연결될 수 있는 모든 존재'로 정의했다.

나는 내가 그동안 던지지 못했던, 그래서 던져야 하는 질문은 '왜 이렇게 시작했나?'라고 생각하게 되었다.

고등학교 때 연습 문제를 혼자서 열심히 풀고 대학에서 미적분학 연습 문제를 눈물 나게 풀고 또 풀어낸 과정은 '주어진' 시작을 아무 생각 없이 받아들이고 내면화한 경험이었다. 물론 교과서에 모든 것을 담을 수는 없다. 용어나 개념마다 그 역사적 배경이나 변천사를 전부 기록했다가는 교과서가 사전만큼이나 두꺼워질 것이다. 교과서는 필요한 내용을 압축적으로 담고, 그것을 가르치는 교사가 잘 준비해서 학생들에게 전달하는 협력 체제가 가장 이상적이다.

다행히 최근의 우리나라의 수학 교육은 학생들이 스스로 용어를 정의해보고 배경을 탐구해보는 방향으로 수업이 설계되고, 교사들도 그렇게 하기 위해 많은 노력을 기울이고 있다. 이는 우리 사회의 발전상이다.

여기서 더 나아가 한 가지 말하고 싶은 것이 있다. 일부 불공정한 사례들 때문에 '공정한' 수능 체제(수능 100%)로 대학에 진학해야 한다고 말하는 사람들이 꽤 많은 것으로 알고 있다. 이해가 가는 부분도 분명히 있지만, 기본적으로 나는 동의하지 않는다.

요즘 교과서는 예전에 비해 내용이 많이 축소되었다. 진도와 시험 위주의 수업 대신, 학생 스스로가 이해하고 구성해낼 수 있도록 다양하고 깊이 있는 활동을 하자는 취지에서다. 내신 성적과 교과 심화 활동 등은 대학 입학의 원칙이라는 차원을 넘어서는, 교육의 가치와 의미에 대한 사회적 합의의 총체적 변화로 이해해야 한다.

몇 년 전, 수능에 나온 수학 문제를 풀다가 충격을 받았다. 몇십 분이나 걸려서 겨우 풀 수 있었기 때문이다. 고등학교 수학을 30년 동안 공부하고 가르치고 연구하고 다루어왔는데, 그런 나조차 몇십 분 걸려 풀 수 있는 문제를 대입에 출제하면 안 된다고 생각했다. 그래서 친구에게 전화를 걸었다. 전국연합학력평가를 여러 번 출제한 경험자였다. 그 친구의 대답은 더 가관이었다.

"그 문제 하나 틀리면 딱 1등급 나오게 출제한 거야. 그러니까 그건 풀지 말라고 던진 문제지."

풀지 말라고 내는 문제라니, 기가 막혔다.

"그래서 자네도 풀어봤어?"

"……."

그해 이후로 유사한 극난이도 문제가 한 문제씩 포함된 수능이 계속되고 있다. 물론 몇 분 안에 그 문제를 푸는 학생도 있다. 하지만 문제를 정확히 이해하고 주어진 단서를 파악해서 일반적인 방법을 찾아서 출제자의 의도대로 정확히 풀어내려면, 몇 분 가지고는 절대로 불가능하다.

나는 수학을 이해하고 즐기고 사용할 수 있는 학생이 아니라, 문제 풀이 기계로 만드는 교육에 찬성할 수 없다.

16

내가 일하는 학교는 사교육이 매우 번성한 지역에 있다. 학생들은 빠르면 초등학교 때 학원에서 고등학교 수학을 공부한다. 그렇게 조기에 공부하고 오는 아이들은 실제로 1학년 1학기 중간고사를 치르면 수학 점수가 엉망이다. 어른들은 아이들의 인지 능력, 경험, 정서와 무관하게 공식을 압축해서 머릿속에 집어넣고 유제와 연습 문제를 수없이 풀게 하고, 아이들이 문제의 바다 속에서 익사해갈 때쯤 고등학교에 진학하는 것이다. 교육을 빙자한 아동 학대다.

가장 좋지 않은 점은 학생들이 수학에 대한 정서적 거부감과 공포감을 매우 이른 시기부터 가진다는 것이다. 그래서 나는 1학년 1학기 첫 수업 시간에 학생들에게 말한다.

"여러분이 지금까지 학원에서 배운 건 모두 잊어버리고 나하고 새로 시작합시다. 내가 진짜 수학을 가르쳐줄 테니 나를 믿고 따라오면 돼요. 중학교 때 어떤 삶을 살았든지 아무 상관 없습니다. 나와는 처음이니까요."

이런 이야기를 하면 학생들의 눈이 총총해진다. 언제든 예외 없이 그랬다. 공부라는 괴물에 억압된 눈을 보며 마음속으로 늘 결심한다. 이 아이들에게 '진짜 수학'을 가르쳐주기로 말이다.

시작이 중요한 건 수학만이 아니다. 내가 2학년 자연계 담임을 맡고 있던 2015년 늦은 봄에 있었던 일이다.

"외국에 오래 살다 와서 적응하느라 자리를 잡아가는 중인 것 같기는 하지만, 그래도 아직 성적이 부족하네요."

K의 어머니는 입술을 적시더니 천천히 말을 밀어냈다.

"의대 진학이 가능할까요?"

K는 부모님 직업 때문에 중학생 때 외국에서 2년간 살다 와서 한국의 고교 교육을 따라가느라 힘든 시간을 보내고 있었지만, 활달하고 유머 감각이 있어서 학급에서 인기가 많았다. 나는 공부도 열심히 하고 정서적으로 안정되어 있는 K에게 좋은 인상을 가지고 있었다.

"학교 생활 잘하고 있고 열심히 노력하는 만큼 성적은 오를 거니까 너무 걱정하지 마세요, 어머님."

"아이 아버지와 저는 어릴 때부터 아이들에게 공부를 강요하지 않았거든요. 자유롭게 풀어주는 편이었어요."

K의 어머니는 어릴 적 이야기를 내가 이해할 수 있도록 풀어서 말해주었다. 재미있고 구체적인 정보들이 많아서 아이를 이해하는 데 도움이 되었다. 나는 감사를 표했다.

"아이들 공부하는 게 우리 때와는 너무 달라서 걱정입니다, 선생님. 경쟁이 정말 치열해요. 이럴 줄 알았다면 차라리 어릴 때 조금 더 시킬걸 그랬다는 후회가 들기도 해요."

대치동에서 아이를 교육하는 게 어떤 것인지, 누구보다도 잘 알고 있었다. 나는 K의 적성과 진로에 대해 계속 알아가면서 2학년 말이나 3학년 초 정도에 학과를 정하면 될 것 같다고 이야기했다. 하지만 열심히 하면 의대 진학이 가능하다는 말은 하지 않았다. 사실 K의 어머니는 의대 교수이고, 아버지는 병원을 운영하는 원장이었다.

"아이도 의대 진학을 바라겠지요, 어머님?"

"그럼요, 선생님. 어릴 때부터 다른 학과는 아예 생각하지도 않았어요."

사실일 것이다. 오랫동안 담임을 해본 결과, 의사 부모님의 경우에는 부모뿐 아니라 학생도 의사라는 진로를 강하게 희망하는 경우가 많았다. K 어머니의 마음이 충분히 이해되었다. 동시에 머릿속에 질문이 하나 떠올랐다.

"그런데 어머님, 아이가 의사를 왜 희망하는지 혹시 아시나요?"

"?"

나는 되도록 천천히 설명했다. 경제적인 이유라면 돈을 버는 직업은 다른 것도 많다. 사회적 존경이나 지위도 마찬가지다. 고등학생인 만큼 본인이 의사가 되기를 원하는 이유가 분명해야 하지 않을까. 내 이야기를 듣던 K 어머니의 표정이 미묘하게 변하기 시작했다.

내가 다섯 살 때 어머니가 부엌에서 갑자기 하혈하며 쓰러진 적이 있었다. 아버지가 회사에 가고 없었기 때문에, 집에서 놀고 있던 삼촌이 정신을 잃은 어머니를 업고 병원으로 뛰어갔다.

허리 아래를 피로 물들인 채 삼촌에게 업혀서 병원으로 가는 어머니의 입에서 나온 이상한 소리를 들은 나는 엄마가 곧 죽을 거라고 확신했다. 할머니는 어머니가 수술을 하고 나면 나을 거라고 말해주었지만, 그 전에는 한 번도 보지 못한 어머니의 처참한 모습을 직접 보았기에 울면서 밤을 새웠다.

며칠 후, 퇴근한 아버지와 동네 운동화 가게 앞 리어카 아저씨에게서 군밤을 사 들고 어머니가 있는 병원으로 갔다. 곧 죽을 것 같았던 어머니는 편안한 모습으로 침대에 누워 있었다.

그때 어머니 옆에서 환하게 웃으며 서 있던 안경 낀 의사의 얼굴을 잊을 수가 없었다. 그날 밤, 나는 어머니 품에서 잤다.

퇴원 후 언젠가 어머니와 동네 목욕탕에 갔을 때, 어머니 아랫배에 세로로 길게 나 있는 수술 흉터를 보았다. 커다란 흉터가 가진 끔찍함만큼 그때 보았던 의사가 위대하게 느껴졌다.

"제가 어릴 때 의사를 훌륭한 사람이라고 생각한 이유는, 아픈 사람을 아프지 않게 해주는 사람이라고 생각했기 때문입니다."

K의 어머니는 찻잔을 두 손으로 천천히 돌리며 내 이야기를 듣고 있었다. 마음속에서 뭔가가 일어나고 있는 듯했다. 내 말의 의도를 가늠하고 있는 느낌이었다.

의사가 돈도 많이 벌고 멋져 보여서 의대에 가고 싶은 거라면, 눈앞에 있는 비싼 장난감 갖고 싶어 하는 다섯 살짜리 꼬마 수준이다. 난 계속 밀어붙였다.

"하지만 의사가 되고 싶은 이유가 분명하다면, 예를 들어 아픈 사람을 아프지 않게 하기 위해서라면, 혹여라도 수능 당일날 배탈이 나서, 또는 시험을 잘 봤는데 다른 아이들이 더 잘 봐서 등등, 자신의 능력과 통제를 넘어선 이유로 의대 진학이 어려워지더라도 다른 대안을 찾을 수 있지 않을까요?"

K의 어머니는 고개를 끄덕이며 천천히 말했다.

"아픈 사람을 낫게 해주는 직업은 의사 말고도 얼마든지 있기 때문이죠, 선생님?"

그렇게 묻는 K의 어머니의 얼굴은 학부모가 아닌, 오래전부터 알던 친구 같은 표정이었다.

상담을 마치며 K의 어머니는 아이와 이야기할 때 좀 더 여유 있게 할 수 있을 것 같다며 내게 감사를 표했고, 나는 내 이야기를 있는 그대로 받아들여준 K의 어머니에게 감사를 표했다. 서로에게 고마운 시간이었다.

17

수학 문제를 해결하는 데 정해진 매뉴얼이 있을까? 아니, 있을 수 있을까? 똑같은 문제도 서로 다른 생각과 경험으로 접근할 수 있는 만큼, 일반적인 매뉴얼, 알고리즘 같은 건 없을 거라고 생각했다. 대학 4학년 1학기에 개설된 '수학적 문제 해결 특강'이라는 과목은 이에 대한 해답을 주었다.

아이는 부모에게 복종하고 학생은 무조건 선생을 따라야 한다는 가치관을 설파하곤 하는 김 교수님이라 그런지 수강생이 많지는 않았다. 외국 학자가 쓴 저서의 번역본을 읽고 감상문을 제출하는 방식의 수업이었는데, 그 조그맣고 얇은 책자가 너무 재미있었다.

나는 이전부터 문제를 해결해서 답을 찾는 과정이 어떻게 일어나는지 궁금했다. 어떻게 해도 안 풀리는 문제가 풀이를 보면 이해가 되는, 이해할 수 없는 경험에서 비롯된 호기심 때문이었다. 이런 생각은 어떻게 할 수 있는 걸까? 어떤 사고 메커니즘을 통해서 어려운 문제를 해결하는 능력을 가질 수 있을까?

교재는 나름의 답을 제시하고 있었다. 생각보다 단순한 아이디어라서 놀랐다. 나는 교재를 비롯하여 이런저런 책을 참고하고 내 경험을 녹여서 나만의 문제 해결 이론을 수립했다. 내가 이해한 범위 내에서 최대한 간단히 설명해보겠다. 문제를 해결하는 과정은 '조건을 변형시켜 답으로 만들어가는' 과정이다.

조건 → 답

상당수의 문제는 조건을 분석해서 바로 답을 얻을 수 있다.

$(x-a) \times (x-b) \times (x-c) \times \cdots \times (x-z)$의 값을 구하시오.

문제의 조건을 살펴보면, x에서 알파벳 순서대로 한 문자를 뺀 식을 앞에서부터 계속 곱해나가고 있음을 알 수 있다. 따라서 마지막에서 세 번째 식이 $(x-x)$, 즉 0이며 결과적으로 전체 식은 문자들의 값과 무관하게 항상 0임을 알 수 있다.

답: $(x-a) \times (x-b) \times (x-c) \times \cdots \times (x-z) = 0$

이 문제는 꽤 오래전에 외국의 어떤 수학 시험에 나온 첫 문제였다. 이 문제가 쉽다고 생각한다면 오산이다. 내 경험에 따르면, 우리 삶에는 문제의 조건만 잘 이해해도 바로 풀리는 문제가 상당히 많다. 하지만 문제를 해결하려고 우리는 종종 다른 곳을 쳐다본다.

나는 아침 조회 시간에 학생들에게 문제 속에 답이 있으니 하늘을 쳐다보지 말고 문제 자체를 보라고 말하면서 이 문제를 내곤 한다. 다음은 내가 직접 만든 문제다.

> X는 집 근처 커피숍에서 늘 3,500원짜리 커피를 마신다. 이 커피숍은 쿠폰을 발행하는데, 도장 10개가 모이면 무료로 한 잔을 마실 수 있다. X는 쿠폰 도장 10개를 모아 (가장 비싼) 6,500원짜리 커피를 마시며 힘겨웠던 한 달을 마무리한다. 그는 커피 한 잔에 얼마를 쓰는 걸까?

내가 이 문제를 주변 사람들에게 냈을 때 정답을 말하는 사람이 의외로 많지 않았다. 이유가 뭘까? 이 문제는 커피 한 잔당 X가 들인 비용을 묻는 것이다. 이에 따라 조건을 정리해보자.

> (조건)
>
> X가 커피를 마시는 데 사용한 비용은 총 35,000원

(3,500원 × 10회 + 0원 × 1회) … ①.

X가 커피를 마신 횟수는 총 11회 … ②

따라서 X가 커피 한 잔에 들인 비용은 총 $\frac{35,000}{11}$원($\approx$3,182원). 중요한 것은 쿠폰으로 먹은 6,500원이라는 수치가 의미 없다는 사실이다. 공짜 커피에 '지불한' 비용은 0원이기 때문이다.

때로는 조건을 변형시켜 답으로 가는 과정에서 조건과 관련된 정보(또는 지식)가 필요할 때가 있다.

조건 → 답

↑

정보

지금은 퇴직한 동료 한 사람은 항상 같은 장소에 조그만 은회색 승용차를 주차했다. 또 다른 동료인 수학과 후배 교사 T는 출퇴근하면서 몇 년 동안 그 차를 보다가, 어느 날 문득 3251이라는 번호판 숫자가 말을 거는 것처럼 느꼈다. 네 수는 특이한 관계였던 것이다. 우선 이런 관계가 하나 성립한다.

$3 + 2 = 5 \times 1$

특이한 점은 더하기(+)와 곱하기(×)를 교환해도 식이 성립한다는 것이다.

$$3 \times 2 = 5 + 1$$

합과 곱을 교환해도 되는 네 개의 숫자 쌍이 3, 2, 5, 1 말고도 얼마나 많을까 하는 문제가 T의 머릿속에 자연스럽게 떠올랐다. 그녀는 집으로 가는 지하철에서 방금 만들어진 문제를 풀기 시작했다. 우선 조건을 정리했다.

(조건) 네 자연수 a, b, c, d에 대하여

$a + b = c \times d$ ··· ①

$a \times b = c + d$ ··· ②가 성립한다.

이 문제의 경우 조건이 바로 답으로 이어지지는 않는다. 문자는 네 개인데 식은 두 개라, 두 개의 식이 부족하기 때문이다(이런 경우를 부정방정식(indeterminate equation)이라고 부른다). 여기에서는 두 식을 연관시켜 하나의 식으로 정리하는 기술이 필요하다. 이것이 부정방정식을 다루는 지식이며, 이 문제에 필요한 정보다. T는 이 정보에 근거하여 두 식을 하나로 엮었다.

①-②에서 $a + b - ab = cd - c - d$가 되고

다시 $a + b - ab - cd + c + d = 0$이 되고

다시 $(a - 1)(b - 1) + (c - 1)(d - 1) = 2$를 만들어낸다.

a, b, c, d 모두 자연수이므로

$(a - 1)(b - 1) = 1$, $(c - 1)(d - 1) = 1$,

$(a - 1)(b - 1) = 2$, $(c - 1)(d - 1) = 0$,

$(a - 1)(b - 1) = 0$, $(c - 1)(d - 1) = 2$가 가능한 모든 경우다. 순서를 고려하지 않는다면 네 수는 3, 2, 5, 1과 2, 2, 2, 2 말고는 없다. 만약 '서로 다른' 네 수라는 조건이 있다면 3, 2, 5, 1이 유일한 답이다.

몇 달 후 은회색 승용차의 주인이 생일을 맞이했을 때, T는 자신이 발견한 증명을 편지로 써서 선물했다. 번호판의 주인은 세상에 하나밖에 없는 선물이라고 좋아하면서 초콜릿을 나눠줬다고 한다.

고등학교 교과서와《수학의 정석》에 실린 수많은 문제들, 대학 미적분학, 기하학의 난해한 문제들을 풀던 일은 모두 시행착오를 거치며 문제의 조건과 내가 알던 정보를 연결하여 답으로 바꿔가는 과정이었다. 그 과정에서 내 머릿속에는 이전에 없던 이런저런 간선도로들이 생겨났을 것이다.

문제 해결 매뉴얼이 수학에만 적용되는 것은 아니다. 꽤 오래 전 가을에 있었던 일이다. 종례 후에 우리 반 학생(A)이 심각한 얼굴로 면담을 요청했다. 한 달 전에 B와 함께 자신의 집에서 같이 밤샘을 하며 놀았는데, 다음 날 보니 자신의 방에 있던 물건이 하나 사라졌다는 것이다. 전후 사정으로 보아 B 말고는 가져갈 사람이 없어서 의심이 갔고, 며칠을 끙끙 앓다가 결국 B에게 직접 확인했는데 B는 펄펄 뛰며 부인했다는 것이다. 사건이 벌어지기 전, B는 A와 단짝이었다.

나는 A에게 물건이 사라지기 전후의 사정을 상세히 물었다. A의 말대로라면 범인은 B 말고는 없었다.

(조건)

B가 오기 전 A의 방에 해당 물건이 있었다. … ①

B가 떠난 직후부터 물건이 보이지 않았다. … ②

"어쩌면 좋아요, 선생님?"

고민하는 A에게 해답을 제시해줘야 했다. 조건은 B가 범인이라고 가리키고 있었지만, 해답(B의 범인 여부)으로 가는 과정에서 추가 정보가 있어야 했다. 고민하던 나에게 A가 말했다. 만약 B가 친한 친구인 A의 물건을 훔쳤다면 그걸 사용하거나 가지고 다니지는 못할 거라는 것이었다. 좋은 생각이었다. 자신이 사용하지 않는 고가의 물건을 훔친 사람이 할 수 있는 행동은? 중고시장에 파는 것이다. 스마트폰으로 쉽게 접근할 수 있는 인터넷 중고시장이 있다.

정보 : 물건을 훔친 사람은 중고시장에서 이를 처분하는 경우가 많다.

A와 나는 인터넷 중고시장 사이트를 뒤졌고, 결국 도둑맞은 것과 같은 물건을 발견할 수 있었다. 물건이 팔리지 않아 가격을 많이 낮춘 상태였다. 판매자 전화번호는 안심 번호로 암호가 걸려 있었다. 우리는 고민 끝에 A의 어머니 휴대폰으로 구매자인 척 문자를 보냈고, 잠시 후 답 문자가 왔다. B의 휴대폰 번호였다.

답 : 범인이 B임을 확인

B는 습관성 도벽이 있는 학생이었고, 사실상 치료 대상이었다. B는 자신의 잘못을 인정하고 물건을 돌려준 후, 긴 시간에 걸쳐 상담을 받아야 했다.

다음은 문제를 제대로 해결하기 위한 유의점이다.

1) 조건(자료)을 명확하고 단순하게 정리한다.

: 여기서 잘못되면 이후 단계는 의미가 없다.

2) 조건과 관련된 정보를 찾아 이리저리 연결해본다.

: 문제를 잘 해결하려면 관련된 정보(지식)를 많이 알고 있어야 한다.

3) 1), 2)를 실행하는 과정에서 근거 없는 그 무엇이 개입해서는 안 된다.

셋 중에 2)가 가장 어려워 보인다. 진실은, 가장 중요한 것은 1)이고 가장 어려운 것은 3)이라는 것이다.

살아가면서 벽에 부딪히는 상황은 누구에게나 일어난다. 문제를 해결하기 전에, 내가 지금 어떤 문제를 마주하고 있는지 스스로 물을 수 있어야 한다. 문제의 정체를 계속 질문하면서 자신의 힘으로 규정할 수 있는 힘, 부수적인 것들을 모두 떼어내고 본질을 끌어 올려 직면하는 순간의 가슴 서늘함.

20년도 전에 본 공포 영화가 있는데, 가면을 쓰고 칼을 휘두르는 살인범 이야기였다. 영화 중간에 특이하게 생긴 가면이 나타나면, 순식간에 공포 분위기가 극장을 감쌌다.

영화가 절정으로 치닫고, 어느 순간 살인범의 가면이 벗겨졌다. 이후로도 살인범은 똑같이 살인을 저질렀지만, 이상하게도 범인의 정체가 드러난 후로는 공포감은 현저히 사라졌다. 영화에서도 주인공은 더 이상 살인범을 피해 도망 다니지 않고 맞섰다.

살인범이 무서웠던 이유가 살인 행위보다도 가면 뒤에 숨겨진 얼굴이 누군지 몰랐기 때문이라는 반증이다.

주어진 문제를 스스로의 힘으로 다시 규정하는 것은 고민의 정체를 직면하고 제대로 맞서는 시작점이다. 시작이 제대로 되었을 때, 동원할 수 있는 정보나 지식의 방향성이 자연스럽게 정해진다. 현재 상황에서 해결 불가능한 문제라는 판단이 서면, 피하는 것이 적극적인 대처가 될 수도 있다.

가장 어려운 것은 문제 해결 과정에서 주관적인 경험, 신념, 가치관이 개입하기 쉽다는 점이다. 누구나 자신의 경험과 해석을 거쳐 사고할 수밖에 없으며, 지적, 정서적으로 성장하는 과정에서 그 오류를 계속 털어낼 뿐이다. 늘 주관적인 부분을 완전히 배제하고 공평무사하고 무색투명하게 논리를 구사한다는 것은 가능하지 않다. 이것은 욕신을 가진 개인이라는, 피할 수 없는 조건에서 유래한 숙명이 아닐까 생각한다.

지금은 퇴임한 한 선배 교사가 이런 말을 한 적이 있다.

"장 선생, 사람은 안 변해. 차라리 지구와 화성 위치가 바뀌는 게 더 쉬운 일일걸."

대비책은 두 가지다. 우선 내가 틀릴 수 있다는 태도를 늘 유지하는 것. 두 번째는 다양한 독서와 대화를 통해 생각을 확장하는 경험이다.

18

교사로 일한 지 9년째 되던 해, 동료들과 책 읽기 모임을 시작했다. 2주일에 한 번씩 학교 도서관에 모여 인문학, 과학, 예술 등 여러 분야의 책들을 읽고 나누며 재미있는 시간을 보냈다. 음식을 먹으며 대화를 나눈다는 의미에서 모임을 '맛있는 책 읽기'라고 불렀다. 때로는 낮에 동료들, 학생들과 있었던 속상한 일을 공유하며 속을 푸는 치유 모임이기도 했다. 굳이 동료들의 조언을 듣지 않더라도, 자신의 심정을 적극적으로 표현하는 과정에서 문제가 풀리는 경우도 많았다.

하루는 내가 지도하는 교생 선생님에게 과제물을 하나 내주었는데, 아무래도 인터넷을 보고 베껴 낸 것 같았다. 지방에서 올라온 고학생으로, 평소 꼼꼼하고 성실해서 나보다도 수업을 재미있게 진행하는 모습을 보아온 터라, 충격을 받았다. 내 이야기를 들은 후배 교사가 말했다.

"지방 출신이라면 학비를 직접 댈 가능성이 있잖아요. 아르바이트 때문에 바빠서 그런 걸 수 있어요. 그러니까 너무 심각하게 생각하지 말고 직접 물어보세요. '그럴 리 없다고 생각하지만 혹시 인터넷 같은 것을 참고했냐'고 말이에요."

동료의 예상대로였고, 교생은 얼굴을 붉히며 자신의 '범행'을 고백하고는 다시 제출하겠다고 했다. 솔직히 말해주어 고마웠다. 나는 괜찮다고 말하며, 대신에 제출한 자료를 교생과 함께 읽으며 수업 자료를 만들었다.

나보다는 교생과 나이가 훨씬 가까운 후배 교사가 나에게 시비선악의 함정에서 벗어나 상황을 입체적으로 바라보게끔 해주었다. 이 사건 이후로 나는 학생들에게 과제를 주는 일에도 좀 더 신경을 쓰게 되었다.

가끔은 동화책을 함께 읽기도 했는데, 어른이 돼서 읽는 동화책은 전혀 느낌이 달랐다. 날이 좋으면 야외로 나가기도 했고, 누군가 이사를 가면 집들이를 가서 독서 토론을 하기도 했다.

집들이 독서 토론에서 읽은 책 중에 환경과 관련된 과학도서가 있었다. 토론이 끝난 후, 한 동료가 '환경 보존을 위해 내 삶에서 실천할 수 있는 한 가지'를 모두 발표하자고 했다. 여러 가지 재미있는 발표가 나왔고, 내 차례가 되었다. 책을 읽은 후부터 다짐한 터라 발표는 어렵지 않았다. 나는 과감하게 선언했다.

"오늘부터 속옷을 매일 갈아입지 않고, 가끔 갈아입겠습니다."

모임을 함께한 동료들 중에는 퇴직한 사람도 있고, 학교를 옮긴 사람도 있으며, 교직을 떠나 다른 일을 하는 사람도 있었다. 우리는 순번을 정해 돌아가며 책을 추천했다. 어떤 날은 10여 명이, 또 어떤 날은 서너 명이, 마음속 호롱불을 지펴가며 서로의 삶을 만들어왔다.

대학에 입학하기 전에 읽었던 책 중에, 대학 원서를 넣는 과정에서 두려움을 극복하는 데 도움을 준 책이 한 권 있었다. 불교와 관련된 책이었다. 왜 불교 책을 구입했는지 정확히 기억나지 않지만, 해탈, 열반 등의 용어가 긴장감에서 벗어나게 해주었기 때문이 아니었을까 생각한다. 어쩌면 거듭된 대입 실패를 둘러싼 집안의 갈등에서 벗어나고픈 마음이 출가라는 단어에 반응했을 수도 있겠다.

'고통의 원인은 두려움이다. 그래서 두려움을 없애면 고통도 사라진다.'

내 삶의 이유와 의미를 알고 싶어서 서점과 길거리를 헤매면서도, 세 번째 도전에서 실패할까 봐 차마 원서를 사지 못하던 나에게 그 책은 고마운 의지처였다. 그리고 그 책 덕분에 두려움을 의식적으로 털어내고('떨어지면 군대 가면 돼! 그리고 다시 하면 돼!') 기꺼이 원서를 쓸 수 있었다.

대학에 진학한 후, 전공인 수학 공부를 하면서도 철학에 관심이 많았다. 애초에 수학이 가진 철학적 순수성 때문에 수학을 선택했으니 수학사와 수학 철학을 공부한 것이고, 나아가서 철학 공부를 하고 싶은 건 자연스러운 일이었다.

철학 공부의 첫 타깃은 불교였는데, 다행히 3학년 2학기에 철학과에 불교 관련 과목이 개설되어 있었다. 철학과 전공 선택 과목이라 수강생은 10명이 채 안 되었는데, 타과 출신은 나를 포함해서 두 명이었다. 수강생이 적어서 강의는 자유 대화 방식으로 이루어졌다. 담당인 박 교수님은 상당히 익살스러운 분이었고, 무엇보다 원서가 아닌 일반 도서를 가지고 강의해주어 좋았다. 교수님은 첫 시간에 고전(古典)의 의미에 대해 기억에 남는 말을 해주었다.

"고전은 오래전에 쓰였지만 많은 사람들에 의해 검증되어 오늘날까지 살아남은 책입니다."

그러니까 고전 한 권을 읽으면 다른 책 수십 권을 읽는 것보다 가치가 있다는 말이었다. 언젠가 학교에서 친한 역사과 동료에게 이 이야기를 해주었는데, 고전에 대한 정의가 동료의 마음을 움직였는지 그 후로 고전을 읽고 공부하고 학생들과도 나누었다. 무엇보다 동료의 열린 마음과 적극적인 행동의 결과겠지만, 언어가 가진 힘이 생각보다 크다는 것을 느끼게 해준 일이기도 했다.

번뇌와 해탈, 자유에 대해 이해하고 싶었던 나는 교수님이 소개해준 불교 개론서를 읽고 경전도 공부했다. 의외로 불교 이론은 단순했다(내가 이해한 바에 따르면 그렇다는 말이다). 어떤 일의 진정한 원인을 알게 되면 고통, 분노, 슬픔이 해소된다. 어떤 일에 아무리 화가 났어도 그럴 만한 이유가 있다는 것을 알게 되면 분노가 가라앉거나, 피하고 싶고 안 하고 싶었지만 내가 맡을 수밖에 없는 일임을 머리로 이해하고 받아들이기로 마음먹은 순간부터 슬픔이 조금씩 사라지는 소박한 경험을 떠올리면서, 불교를 이해하게 되었다. 염세적이면서도 낙천적인, 묘한 사상이라고 생각했다.

불교 강의를 통해 고전의 세계를 접한 나는 학교 안팎의 고전 강좌를 찾아다니기 시작했다. 평소에는 그냥 지나쳤던 벽보들을 눈여겨 살펴보던 어느 날, 학과 사무실 문 옆에 조악하게 붙은 흑백 사진이 눈길을 끌었다. 신발과 발의 관계에 대한 철학적 통찰로 나를 신경정신과 통원 치료에서 구해준, 그래서 철학이라는 세계를 알게 해준 김○○ 선생님이 혜화동에서 고전 강좌를 연다는 소식이었다. 난 곧바로 자기소개서를 보냈고, 일주일 후 기다리던 합격 통지서를 받았다.

대부분의 사람들이 그렇겠지만, 나 또한 중고등학교 수업 시간 말고는 한문을 배운 적이 없다. 개강 첫날, 김 선생님은 우리에게 고전 한문책을 한 권씩 나눠주고는 대뜸 본문을 읽자고 했다. 이런 끔찍한 문장이었다.

索隱孔子非有諸侯之位，而亦稱系家者，以是聖人爲敎化之主，又代有賢哲，故稱系家焉。正義孔子無侯伯之位，而稱世家者，太史公以孔子布衣傳十餘世，學者宗之，自天子王侯，中國言六藝者宗於夫子，可謂至聖，故爲世家 (후략)*

한문은 한자가 아니다. 학교에서 배운 단어가 아니라, 역사와 맥락을 가진 고전의 세계가 갑자기 눈앞에 펼쳐진 것이다. 당황스러웠지만 그만큼 욕망이 솟구쳤다.

한 달 만에 나는 처음 만난 한문의 세계를 무사히 통과했다. 별다른 근거도 없이 수강생이 따라올 수 있다고 믿어준 김 선생님의 확신이 내 속에 숨어 있었던 절실함이라는 조건과 만났기 때문일 것이다. 이후로도 김 선생님의 강좌에 참여하며 이런저런 고전을 읽었다. 한 번 경험해보니 빽빽한 한문책도 더 이상 두렵지 않았다.

언제부턴가 함께 공부하는 친구들끼리 모여서 서양 고전도 공부하기 시작했다. 18세기 독일철학자 한 사람의 저서(번역본)를 함께 읽기로 하고 파트를 나누었다. 그 철학자의 저서를 선택한

* 공자의 일생을 역사적 포폄을 담아 서술한 것으로, 사마천(司馬遷)의 《사기》 중 '공자세가(孔子世家)'의 시작 부분이다.

이유는 모두가 아는 '워낙 유명한' 책이었기 때문이다. 철학자의 저서는 우리말 번역이었는데도 한문보다 어려웠다. 내용이 심화될수록 암호와 같은 문장이 계속 이어졌다. 언제부턴가 우리의 목표는 마지막 장을 덮는 것으로 바뀌었다. 한 달간의 고투 끝에 우리는 책을 독파했고, 그것도 모자라 참여하지 않은 다른 친구들에게 책 내용을 엉터리로 설명하며 밤을 새우는 호기를 부렸다.

세미나가 끝난 순간, 우리는 모두 박수를 치며 바깥으로 나와 찬 새벽바람을 쐬었다. 함께 세미나를 주관한 민 군이 남대문시장으로 소주를 먹으러 가자고 했지만, 나는 냉수 한 잔으로 족했다. 어쨌든 우리는 해낸 것이다. 광기로 시작해서 허무로 끝난 이 세미나는 '모든 고전을 읽을 필요는 없다'는 사실을 깨닫게 해주었다. 고전은 좋은 참고서일 뿐 중요한 것은 내 삶이니까.

어딘가에서 이런 글을 읽었다. 우리나라의 대학 강사들 몇백 명을 대상으로 설문 조사를 했는데, 스스로 강의 능력이 상위 20퍼센트 안에 들어간다고 믿는 사람들이 절반 이상이라는 내용이었다. 매일 강의를 하고 살아가는 나는 설문 조사의 대상이 된 강사들의 마음을 이해할 수 있었다. 자신을 100퍼센트 객관적으로 본다는 것은 논리적으로 불가능하다. 내 눈으로 날 볼 수는 없으니까. 일상의 나는 늘 사랑과 미움이라는 감정의 용광로 속에서 미친 듯이 춤춘다. 매일 힘내고 매일 실망하고 다시 힘내고 또 실망한다.

나는 학부 시절 철학과 수업을 들었던 기억을 떠올리며 불교 관련 책을 서점에서 읽다가, 한 철학자를 알게 되었다. 17세기 네덜란드 출신의 철학자는 원인을 발견하고 이해하는 능력을 통해서만 인간은 자유로울 수 있다며 불교와 유사한 주장을 펼쳤는데, 불교와는 달리 기본적인 정조가 긍정적이고 진취적이었기 때문에 관심을 끌었다. 정교한 렌즈를 만들어내는 기술자이기도 했던 철학자는 기하학의 논리 전개 방식을 통해 사상 체계를 세웠으며, 무척이나 난해한 책을 남겼다. 난 그 책을 읽기로 결심했고 결국 해냈다. 온전히 혼자 힘으로 읽어낸 첫 번째 철학 원전이었다(물론 한글 번역본이다).

본문 내용 중에 날씨와 관련된 이야기가 특히 와 닿았다. 우리는 맑고 화창한 날씨를 좋은 날씨, 흐리고 비가 퍼붓는 날씨를 좋지 않은 날씨라고 표현한다. 그런데 철학자는 날씨에 좋고 나쁘고가 없다고 말한다. 인간이 즐기기에 좋은 날씨일 뿐, 날씨 자체에 좋고 나쁨의 가치 기준이 붙어 있을 리 없기 때문이다. 철학자는 논리를 이어간다. 나에게 주어진 상황을 주관적인 의미를 배제하고 있는 그대로 '이해'할 수 있다면, 나쁜 날씨도 내 삶의 일부로 수용할 수 있다. 내 몸의 일부인 팔과 다리를 무겁다고 느끼지 않듯 말이다. 그렇게 하면 그로부터 자유로울 수 있다.

이해하는 능력을 자유와 연결한 철학자의 통찰이 마음을 움직였다. 잘 살기 위해서는 주관적인 열정이나 의지가 아니라, '생각'

하는 능력이 필요하다.

"인간의 본질은 욕망이다. 욕망의 크기는 이해력의 크기이며, 이해력의 크기가 곧 자유의 크기다."

내가 기쁘고 행복할 때 사태를 더 합리적으로 이해하고 수용할 수 있다. 슬프고 불행한 상황에서 뇌는 이성적으로 작동하지 않는다. 욕망이 커지는 과정은 욕심쟁이가 되는 과정이 아니라, 자신의 욕망을 '이해'하는 과정이다. 욕망이 커지는 만큼 시야가 높아지며, 그만큼 사태의 원인과 전개 과정이 눈에 잘 들어온다. 자유는 '이해 능력'과 관련이 있다. 수영장에서 수영 선수가 자유로운 것처럼 말이다.

철학자의 욕망 이론은 어릴 때 동생의 사탕을 뺏어 먹으며 즐거워하고, 조금 커서는 a×0이 왜 0인지를 고민하며《수학의 정석》연습 문제를 풀어내고, 미분기하학 이론 때문에 고통스러워하고, 동료들과 독서 토론을 하고, 급기야는 아내와 다투고 화해하며 매일을 보내는 내 삶을 하나의 개념으로 통관할 수 있는 기회를 주었다. 과학이 지식의 창출을 통해 삶을 안전하고 풍요롭고 건강하게 한다면, 철학은 개념의 발명을 통해 삶을 돌아보고 새롭게 시작할 수 있게 한다.

나는 철학책을 핑계 삼아 학부모들과 인간적인 대화를 나누고 싶었다. 그들은 입시 전쟁에서 학생들만큼이나 고통받는 사람들이기 때문이다. 동료 두 사람이 내 생각에 동조해주었고, 우리는

33명의 학부모를 모았다. 기미독립선언서에 서명한 사람들과 같은 수였다. 첫 번째와 두 번째 모임에서, 우리는 욕망과 의지 그리고 자유와 필연에 대해 열띤 토론을 벌였다. 철학자가 들었다면 아무 말 대잔치라고 말했을지도 모르겠다. 아무렴 어떤가. 우리가 만나서 이야기한다는 사실, 이야기할 수 있다는 사실 자체가 철학적이라고 생각했다.

세 번째 모임 전날, 나는 동네 카페에 앉아 생각에 빠져 있었다. 삶에서 후회되는 일을 한 가지씩 말하기로 했기 때문이었다. 나는 명랑한 편이었고 미련이나 후회에 잘 빠지는 성격이 아니었기 때문에 한참 동안 고민해야 했다. 이런저런 생각 끝에 겨우 마음에 드는 이야기, 적정 수준에서 고백할 수 있는 후회담을 생각해낼 수 있었다. 자리를 정리하고 일어설 때였다. 뭔가가 속에서 올라오며 눈앞이 캄캄해졌다. 다시 자리에 주저앉았다.

그것은 오랫동안 봉인해두었던 기억이었다. 당시 나는 국민학교 3, 4학년 정도였을 것이다. 부산시민회관 근처에 자전거 대여소가 있었다. 자전거를 가진 아이들이 거의 없었기 때문에, 동네 친구들과 함께 대여소에서 자전거를 빌려서 시민회관에서 우리 동네까지 차도와 인도를 종횡무진하며 돌아다니는 즐거움을 만끽했다. 한 손으로 타기, 두 손 놓고 타기, 앞바퀴 들기 등 묘기를 할 줄 알았기에 나는 우리 동네의 자전거 스타였다.

그날도 학교에서 돌아온 나는 친한 친구 한 명과 시민회관으로 달려갔다. 자전거를 빌려 도로로 달려 나온 나는 곧 개천길을 넘어 집과는 반대쪽으로 달려 나갔다. 평소에는 가지 않던 길이었다. 친구와 갈라져서 벨을 울리며 낯선 골목골목을 누볐다. 놀라서 피하는 사람들 사이로 곡예를 하면서, 자전거 실력을 과시했다. 얼마 후, 큰길로 나온 나는 혼란에 빠졌다. 시민회관 쪽으로 돌아가는 길을 알 수 없었기 때문이었다. 늦으면 대여점 할머니에게 벌금을 물어야 했다.

내가 처음 들어온 골목을 찾으면 집으로 돌아갈 수 있을 것 같았다. 눈을 굴리면서 자전거를 몰았다. 마음이 급해지면서 자전거 속도도 빨라졌을 것이다.

어느 순간, 까만색 형체가 눈에 들어왔다. 중학생 교복을 입은 형이 길 끄트머리에 무릎을 꿇고 앉아 시계를 만지고 있었다(태엽을 감고 있었겠지). 브레이크를 잡았지만, 이미 형을 치고 지나간 후였다. 길거리에 쓰러진 형을 근처에 있던 아저씨가 일으켜 세웠다. 형은 울부짖으며 팔을 감싸 안았다. 아저씨는 손수건 같은 걸로 형의 손목 부분을 묶었다. 부러진 것 같았다. 아니, 확실히 부러졌을 것이다.

나는 무서워졌다. 그 순간 밤이 왔고, 나는 자전거를 몰아 쏜살같이 도망쳤다. 눈앞에 보이는 골목으로 들어가 한참을 달리자, 눈에 익은 길이 나타났다. 집으로 돌아온 나는 이불 속에 들어가 밤새 떨었다. 이후로도 한참 동안 팔에 깁스를 한 형이 경찰과 함께 우리 집 대문을 열고 들어오는 모습을 상상했다.

외국 출장에서 돌아온 삼촌이 선물한 카세트 리코더를 학교에서 도둑맞았을 때도, 엄마가 사준 청재킷을 길거리 깡패에게 빼앗겼을 때도, 담임선생님의 왜곡된 선의로 전교 1등을 놓쳤을 때도, 대입에 두 번이나 실패했을 때도 기꺼이 받아들인 바탕에는, 과거에 저지른 죄의 대가라는 생각이 내면 깊숙이 숨어 있었을 수도 있다. 너무 크게 에워싸서 보이지 않았던 거대한 죄악. 그렇지만 늘 함께하며 나를 만들어왔던 나의 일부를 40년이 다 되어서야 마주 볼 수 있었다.

그날 밤, 집으로 돌아와 검정 교복 형에게 편지를 썼다. 사과의 편지였다. 촛불을 켜고 편지를 읽은 후, 큰절을 한 차례 했다. 다음 날, 내 이야기를 학부모들에게 전했다. 두 번의 철학 모임 후, 인원은 13명으로 줄어 있었다. 최후의 만찬에 등장한 사람들과 같은 수였다. 이야기가 끝나자, 누군가가 말했다.

"그 형을 지금이라도 찾아서 사죄하는 게 옳지 않을까요?"

그래서 이 책에 이 이야기를 쓰게 되었다.

40여 년 전 그날, 나는 그 자리에서 도망가는 것 말고는 아무것도 할 수가 없었다. 넘어진 자전거를 일으켜 세우고 뒤도 돌아보지 않고 도망간 그 행위가 그 당시 내 마음의 정직한 크기였기 때문이다. 내가 그 기억을 봉인한 것은 죄의 크기가 아닌 내 이해력의 크기, 내 욕망의 크기에 기인했다. 긴 시간이 지나 아픈 기억을 되살려내고 직면할 수 있었던 것 또한 나의 이해력이 그만큼 성장했기 때문이 아닐까.

임의의 수에 0을 곱하면 왜 0이 되는지에서 시작해서《수학의 정석》연습 문제에 적응하고, 대학 수학이라는 순수 논리의 세계에 발을 내디디고, 그 끄트머리에서 논리의 불완전함을 알게 되고, 친근한 사람들과 낯선 모임을 오랜 시간 이어오기까지, 나의 '논리적' 삶은 나의 욕망의 크기를 키우는(결핍을 채우는 것과는 다른) 무의식적인 노력이었던 것 같다. 나는 논리를 통해 내 삶의 윤리를 추구했던 것이다. 이 발견은 삶의 마지막 순간까지 나를 이끌 것이다.

에필로그

문제를 해결했을 때 나는 하늘을 날았고, 이해력의 한계에 부딪혔을 때는 어두운 숲속을 방황했다. 수학은 내게 정신적 억압이었고, 혼란의 상징이었으며, 자존감의 원천이었다. 그것은 내 삶의 빛과 그림자였다.

수학을 통해, 논리를 통해, 이해를 통해 난 나를 계속 키워왔고, 급기야는 세상 수많은 먼지 속 또 하나의 먼지일 뿐이라고 생각했던 나를, 역사를 가진 고유한 먼지로 바라볼 수 있게 되었다. 삶은 언제나 완전했다. 다만 완전함의 규모가 그때그때 달랐을 뿐이다. 내가 내 삶을 이해하고 받아들이니, 다른 존재들을 편안하게 바라볼 수 있었다. 어쩌면 초등학교 2학년 어느 가을날, 쓸쓸하고 어두운 운동장 끄트머리에서 '구도'라는 언어를 나에게 선물해준 진 선생님의 축복이 아닐까 하는 생각이 든다.

내게 다가온 수학의 시간들

초판 1쇄 인쇄 2020년 10월 26일
초판 2쇄 발행 2021년 6월 17일

지은이 | 장우석
펴낸이 | 김남중

펴낸곳 | 한권의책
출판등록 | 2011년 11월 2일 제406-251002011000317호
주소 | 경기도 파주시 노을빛로 109-26, 202호
전화 | 031-945-0762
팩스 | 031-946-0762

값 15,000원 ISBN 979-11-85237-47-3 (03410)

이 도서의 국립중앙도서관 출판예정도서목록(CIP)은 서지정보유통지원시스템 홈페이지(http://seoji.nl.go.kr)와 국가자료공동목록시스템(http://www.nl.go.kr/kolisnet)에서 이용하실 수 있습니다. (CIP제어번호 : CIP2020042469)

한국무기의 역사

차례

Contents

들어가며

흔히 인류의 역사를 전쟁의 역사(military history)라고 말한다. 인류가 한 곳에 정착하면서 서로 간에 갈등이 생기고 심화되어 무력충돌로 이어졌다. 서로 죽이고 빼앗는 지난(至難)한 인류의 삶이 시작된 것이다. 이러한 투쟁의 장에서 적자(適者)는 생존하고 부적자(不適者)는 소멸하거나 적자의 지배하에 놓이는 인류 역사 발전의 기본법칙이 형성되었다. 다윈(Charles Darwin)이 제시한 자연계의 생존원리가 인간세계에도 적용될 수 있음을 전쟁으로 점철된 인류의 역사가 말해 주고 있다.

그렇다면 무엇이 생사(生死)를 결정했는가? 바로 대적하고 있는 양자 간의 무장력 차이였다. 특히 근력시대의 전투에서는 누가 상대적으로 우수한 무기를 보유하고 있느냐가 승패에 결정적인 영향을 미쳤다. 전투는 삶과 죽음이 교차하는 시공간이기에 전투에 임하는 양측은 사력(死力)을 다해 최상의 무기와 장비로 무장하려고 한다. 이러한 면에서 당대의 최신무기는 해당국의 경제력과 과학기술 수준의 결정체라고 말할 수 있다. 물론 무기 자체만으로는 아무런 위력을 발휘할 수 없으며, 인간과 결합할 경우에만 진정한 힘을 발산할 수 있다. 따라서 동일한 무기라도 사용자의 운용방식에 의해 전투의 승패가 갈린다. 개별적으로 이를 추구하면 '무예'라고 부르며, 집단을 이루어 조직적으로 움직이면 '무기체계'라는 용어로 정의된다.

그렇다면 왜 우리는 빠르게 변하는 21세기에 살면서 과거 전사들의 무기와 운용술에 대해 관심을 기울여야 할까? 넓은 의미에서 이는 '왜 역사를 배워야 하는가?'라는 질문과 상통한다. 전쟁사도 역사학의 일부기 때문이다. 다른 한편으로 이 질문은 일반인들이 역사를 무용(無用)한 것으로 오해하는 이유 중 하나기도 하다. 선조들이 외적을 맞아 어떤 칼과 활을 사용했고, 안전을 위해 어떤 갑옷을 착용했는지 우리가 굳이 알 필요가 있는가 하는 의문 말이다. 역사는 자연과학처럼 우리의 손에 가시적인 무엇인가를 쥐어줄 수 없다.

하지만 가장 중요한 점은 전쟁이란 인간이 하는 것이고, 승리의 욕구는—비록 무기의 형태는 차이가 있을지언정— 옛날이나 지금이나 동일하다는 것이다.

역사를 통해 볼 때 전쟁 승패의 결정적인 요인은 인간의 '창의성'에 있었다. 하지만 이는 무(無)에서 나오는 것이 아니라 바로 과거의 실상을 아는 역사지식의 토대 위에서 형성되는 것이었다. 과거의 전쟁과 무기로부터 상수(常數)적인 교훈을 얻어서 이를 기초로 현대전을 창의적으로 수행할 때, 전투에서 진정한 승자가 될 수 있다는 말이다.

그렇다면 우리 선조는 어떤 무기를 갖고 외침에 대항했을까? 컴퓨터와 첨단항법장치 등을 이용한 네트워크전을 현대전이라고 하지만, 원천을 추적해보면 우리 조상들이 사용했던 활, 칼, 창 등에 그 맥이 이어져 있음을 알 수 있다. 비록 전통 무기에 대한 이해가 현대전 수행에 그다지 유용하지 않다고 하더라도 우리는 이에 대해 알아야 한다. 그 속에는 선조들이 강토를 지키기 위해 흘린 피와 땀이 서려 있기 때문이다.

이러한 욕구에 미흡하나마 보탬이 되려는 소박한 의도를 갖고서 본서를 준비했다. 나름대로 고심한 끝에 시간상으로는 고대부터 근대까지, 무기 유형상으로는 근력무기와 화약무기에서부터 직접적인 가해력이 없는 병서 같은 일종의 간

접무기까지, 그리고 독자의 흥미를 유발한다는 의도하에 잘 알려진 무기들을 각 장의 주제로 선정했다.

우리 민족의 전통 무기, 활과 무예

활을 잘 다룬 민족

활은 화약무기가 등장하는 고려 말 이전까지 장기간 사용된 우리 민족의 대표적인 투사무기였다. 활은 특성상 전쟁 시에는 무기가 되지만 평화 시에는 끼니를 해결할 수 있는 사냥 도구로 인류 역사와 더불어 발전했다. 동양 무기발달사에서 흔히 중국은 창, 일본은 칼, 그리고 우리는 활을 대표적인 무기로 꼽는다. 오래전부터 중국인들이 우리 민족을 '동이족(東夷族)'이라고 부른 것도 바로 활과 관련되어 있다. 그 때문인지 이미 삼국시대부터 활은 우리 민족의 전쟁사에서

각궁(角弓)

약방의 감초와 같은 무기였다.

삼국시대의 활이 정확하게 어떻게 생겼는지 알 길은 없다. 활은 나무와 뿔, 뼈와 같은 유기물로 제작되었기에 세월의 흐름을 견디지 못하고 부식되었기 때문이다. 하지만 그 실체를 엿볼 길이 전혀 없는 것은 아니다. 한 예로 고구려 무덤에는 활 쏘는 무사의 모습이 벽화로 남아 있다. 고구려 무사들은 맥궁, 단궁, 경궁, 그리고 각궁(角弓) 등 다양한 종류의 활을 사용했는데, 이 중 가장 잘 알려진 것이 '각궁'이다. 각궁은 길이 1m 이내의 짧은 활로 기병이 마상에서 다루기에 적합했다. 각궁이란 말 그대로 나무나 대나무로 된 활 몸체에 동물의 뼈를 조각내서 덧붙인 일종의 합성활이었다.

강한 탄력을 지닌 각궁의 명성은 주변 민족과 충돌이 빈번했던 고구려에서부터 널리 알려졌다. 현재 북한에 남아 있는 고구려 고분벽화를 보면 마상(馬上)에서 날렵한 몸놀림으로 맹수를 향해 각궁을 날리는 무사의 그림이 생동감 있게 그려 있다. 또한 출토된 유물 중에는 각궁의 화살이 박힌 호랑이 두개골이 있는데, 이를 통해 당시 각궁의 놀라운 관통력을 가늠해 볼 수 있다. 이러한 맥락에서 『대동야승』에서도 우리 민족의 대표적 무기로 활을 꼽았던 것이다.

역사적으로 우리나라의 활이 우수하다고 평가되는 이유는 무엇일까? 우선 주변 민족보다 훨씬 좋은 재료를 사용해 활을 제작했다는 점을 꼽을 수 있다. 중국이나 일본의 활은 나무나 대나무 등 단일재로 제작한 단순한 형태였지만, 각궁은 여러 재료를 결합해서 만든 첨단 합성활이었다. 각궁은 두 개의 판을 풀로 합치거나 나무로 된 활의 몸체 뒷면에 동물의 심줄이나 특히 물소 뿔을 덧대어 만들었다. 처음에는 물소 뿔만을 사용했으나 점차 새로운 재료가 추가되어 조선시대에 이르면 정통 각궁의 제작에 무려 일곱 종류의 재료—대나무, 물소 뿔, 쇠심줄, 구지뽕나무, 참나무, 민어부레풀, 화피—가 사용될 정도였다. 이처럼 다양한 재료와 특별한 제작기술로 만든 각궁은 우수한 탄력성으로 인해 주변 민족에게 가장 위협적인 무기였다.

그렇다면 각궁 제작의 핵심 재료인 물소 뿔, 즉 수우각(水牛角)은 어떻게 구했을까? 기후 여건상 한반도에서는 물소가 자라지 못한다. 물소는 아열대 지방인 중국 남부와 동남아시아 일대에서 야생으로 서식했다. 따라서 물소 뿔은 중국을 왕래하는 사절단이나 대만, 유구(硫球) 등 남방지역과 교역하는 상인들을 통해서 입수할 수밖에 없었기에 구하기도 어려웠고 가격도 높았다. 더구나 우리나라 각궁의 위력을 잘 알고 있던 중국은 물소 뿔을 중요 군수물자로 간주해 국외 반출을 엄격하게 통제했기에 각궁 제작에 어려움이 많았다. 그래서 조선시대에는 안정적인 물소 뿔 공급을 위해 남부지방에서 물소를 사육하려는 시도가 있었지만 기후 조건이 안 맞아 성공하지 못했다.

그런데 왜 하필이면 물소 뿔이어야만 했을까? 물론 경우에 따라서는 황소 뿔을 사용했다. 하지만 황소 뿔은 길이가 짧아서 여러 조각을 겹쳐야만 각궁의 몸체를 감쌀 수 있었다. 그러다 보니 탄력성이 약하고, 접착제의 성능 저하로 덧댄 뿔 조각이 떨어지는 일이 빈번했다. 이에 비해 물소 뿔은 상대적으로 단단했기에 가공하기도 수월했고, 무엇보다도 길이가 길어서 활 몸체의 한쪽 마디를 별도의 이음매 없이도 덧댈 수 있었다.

물론 각궁의 높은 탄력성의 비밀이 물소 뿔에만 있었던 것은 아니었다. 활 몸체의 바깥 부분에 덧댄 쇠심줄도 탄력성 향상의 숨은 공로자였다. 쇠심줄, 즉 소의 힘줄은 척추와 근육에 붙어 있었기에 질기고 신축성이 뛰어났다. 따라서 이 힘줄을 활의 중심 부분에 민어부레풀로 접착했을 때 강한 인장력이 생기며, 활이 부러지는 것을 방지하면서 우수한 복원력을 발휘했다. 이처럼 적절한 크기와 뛰어난 위력을 지닌 각궁이었기에 많은 시간과 노력으로 제작했음에도 불구하고 꾸준한 사랑을 받았던 것이다.

활의 천 년 배필, 화살

각궁의 위력이 아무리 우수해도 무기로써 기능을 발휘하려면 화살이 있어야 한다. 아무리 좋은 각궁이 있어도 화살이 불량하면 성능은 반감될 수밖에 없다. 궁극적으로 적군을 살상하는 것은 바로 화살이기 때문이다.

화살은 나무를 이용한 가느다란 막대기에 머리 쪽에는 화살촉을, 꼬리 쪽에는 깃털을 붙인 것으로 활의 탄력을 빌어

적을 살상하는 투사무기다. 각궁으로 대표되는 활을 중시했듯이, 화살도 칼이나 창 못지않게 중요한 무기로 주목받았다. 신기전(神機箭)에서 엿볼 수 있듯이 화약무기가 등장한 조선시대에도 화살은 여전히 무기로써 중요한 비중을 차지하고 있었다. 화살을 날려 보내는 활쏘기가 조선시대에 무과 시험 중 하나였고, 양반사회에서 군자의 도(道)를 수양하는 방편으로 중시되었음은 화살의 중요성을 말해준다.

그렇다면 화살은 어떻게 만들어졌을까? 간혹 전쟁영화나 사극에서 화살이 비 오듯이 쏟아지는 장면을 보았기에 어렵지 않게 만들 수 있는 것으로 오해할 수 있다. 물론 화살은 전투가 종료된 후 수거해 재사용하기도 했으나 엄밀히 말하면 일회용 소모품이었다. 그렇다고 이를 아무렇게나 만들었다가는 소중한 각궁 자체가 무용지물이 될 수 있었다. 궁수는 활의 탄력을 이용해 발사만 하면 됐지만 실제로 날아가서 살상 효과를 내는 것은 화살이었기에 화살은 활 못지않게 중요했다. 화약무기가 과학적 탄도를 가지고 발사됐듯이, 화살도 당대의 과학지식을 집적한 채 날아갔던 것이다.

화살은 용도와 목적에 따라 길이와 무게가 다양했다. 화살의 무게를 결정하는 것은 머리 부분에 부착된 화살촉이었다. 이는 실질적으로 살상효과를 내는 부품으로 매우 중요했기에 형태와 재질이 다양했다. 일반적으로 화살촉 끝 부분의 형태에 따라 유엽형, 도자형, 도끼형, 그리고 송곳형 등으로 구분했다. 재질 상으로는 돌촉, 청동촉, 철촉 순으로 발달했다. 화살은 목적에 따라 화살대의 길이를 조절했고, 과녁의 성격에 따라 화살촉을 선택해 양자를 결합했다. 마지막으로 화살의 비행방향을 정확하게 유지해주는 일종의 방향타가 필요했다. 이것이 바로 화살의 꼬리에 부착되어 비행 중인 화살을 빠르게 회전시키는 깃털이다. 깃의 재료는 털이 촘촘해 공기저항에 강했던 꿩의 날개털이 가장 선호되었다.

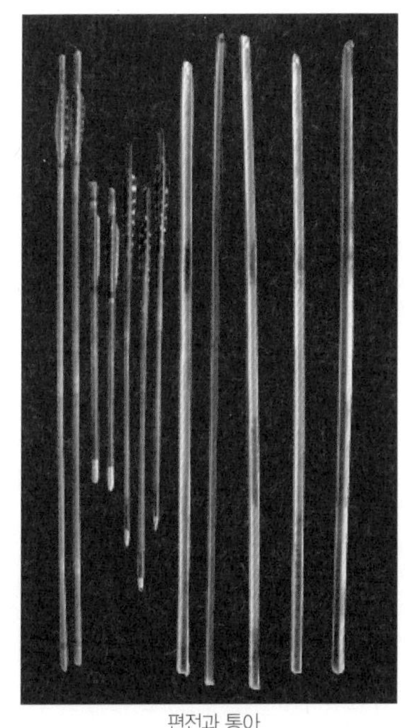
편전과 통아

화살은 화전, 철전, 효시, 유엽전 등 종류가 다양했지만, 가장 주목을 받은 것은 편전(片箭)이었다. 편전은 크기가 약 40Cm에 불과해 '애기살'이라는 별칭으로 불렸다. 편전은 길이가 보통 화살의 절반에도 못 미쳤기에 나무로 만든 '통아'라는 대롱에 넣어서 발사했다. 보통 화살의 절반 길이에 활의 모든 탄력이 전달되었기에 편전은 빠른 비행속도와 1,000보에 이르는 긴 사거리를 자랑했으며, 특히 관통력이 뛰어났다. 이러한 특성 덕분에 북쪽 국경지대에서 기병 중심의 야인들을 상대하는 데 놀라운 위력을 발휘했다.

무예로서의 활쏘기

역사적으로 우리나라의 활이 명성을 유지한 이면에는 활의 성능 못지않게 이를 사용한 궁수(弓手)의 실력도 중요했다. 서두에서도 밝혔듯이 아무리 성능 좋은 무기라도 그 자체로는 아무런 효력을 발휘할 수 없다. 무기에 적합한 인간과 결합할 때 비로소 내재된 위력을 발휘할 수 있는 것이다.

그렇다면 활에 적합한 인간은 어떻게 양성되었을까? 무엇보다 평상시 훈련을 통해서였다. 활의 민족답게 선조들은 예로부터 활쏘기를 매우 강조했다. 이민족의 침탈이 심할수록 활쏘기 훈련의 강도는 높아졌다. 다른 무기에 비해 활은 명중률을 향상시키기 쉽지 않다. 장기간에 걸친 꾸준한 훈련 없이는 거의 불가능하다. 칼이나 창 같은 단병기와 달리 활은 원거리의 적군을 명중시켜야만 무기로써 본래의 목적을 달성할 수 있었기 때문이다.

사료에 의하면, 활쏘기는 삼국시대 이래로 우리 역사에서 매우 중시되었다. 대표적으로 조선시대 무관은 무예와 병서 시험을 통해 선발되었는데, 이때 무예의 시험과목에 활쏘기가 포함되었다. 그러다 보니 활쏘기는 군사훈련에서도 중요한 위치를 차지했으며, 특별한 사정이 없는 한 무관은 거의 매일 활쏘기 연습을 했다. 물론 놀이의 성격도 갖고 있었으나 궁극적으로는 활쏘기 훈련의 연장이었다. 이들은 편을 갈라 단체전을 하거나 간혹 인접 부대를 방문해 그곳의 무관들과 원정경기를 벌이기도 했다. 기본적으로 조선은 장병기(長兵器) 전술에 바탕을 두고 있었기에 칼쓰기나 창쓰기 등은 소홀했을지언정 활쏘기는 항상 강조했다. 덕분에 조선 장병들의 활솜씨는 중국이나 일본보다 월등했고, 간혹 이들의 정탐대상이 되기도 했다.

무엇보다도 활쏘기는 조선시대 사대부가 갖추어야 할 중요한 소양으로 강조되어 문관도 이에 힘썼다. 활쏘기가 덕을 함양하는 중요한 수단으로 자리매김한 것이었다. 세월이 흐르면서 활쏘기야 말로 유교의 덕을 쌓는 길이며 동료와 어울려 활쏘기 시합을 하는 것은 단순한 유희가 아니라 군자의 도를 실행하는 것으로 인식되었다.

이처럼 활쏘기가 사대부가 갖추어야 할 중요한 덕목이 된 이면에는 태조 이성계를 비롯한 역대 조선 국왕들의 개인적

참여와 장려정책이 중요한 역할을 했다. 이성계의 뛰어난 활솜씨는 재론할 여지가 없을 정도로 여러 일화를 통해서 잘 알려졌다. 그의 뒤를 이은 조선의 역대 왕들도 선대의 유업을 이어받아서 활쏘기에 깊은 관심을 기울였다. 특히 정조는 뛰어난 활솜씨를 갖고 있었음을 대사례(大射禮) 기록화를 통해서 엿볼 수 있다.

활이 우리 민족의 대표무기가 된 이유

각궁으로 대변되는 양질의 활과 편전으로 대변되는 다양한 화살, 그리고 평소 부단한 훈련을 통해 고도의 기량을 갖춘 궁수, 이러한 삼박자가 어우러져 삼국시대부터 조선시대 말에 이르기까지 활은 한민족 전쟁사에서 중요한 위상을 차지했다.

그렇다면 활이 우리 민족의 대표적인 전통 무기가 된 이유는 무엇일까? 우선, 물질적 측면에서 우리나라는 사계절이 뚜렷한 덕분에 활의 재료가 풍부했던 점을 꼽을 수 있다. 상대적으로 일본은 기후가 습윤해 대나무 이외에는 탄력 있는 나무를 구하기 어려웠다. 하지만 보다 중요한 요인이 더해져야만 한다. 진정한 의미에서 무기라는 무생물과 인간이라는 생명체가 결합해야 비로소 무기가 생명력을 갖게 된다는 점에 해답이 있다.

우리 민족은 삼국시대부터 기병전술과 수성전술을 근간으로 주변 이민족의 침략에 대응했다. 삼국시대의 전투방식은 주로 보병과 기병의 합동전술로 이루어졌다. 정면에서 보병이 적군을 상대하는 동안에 기병은 측면을 공격해 적 진영을 와해시키거나 적 진영의 취약부분을 정면으로 돌파하기도 했다. 대부분 침략하는 적군의 병력이 많았기에 이에 대응하려면 기동성을 갖춘 기병이 효과적이었다. 따라서 길이는 짧지만 탄력성이 높은 각궁이 기병용 주 무기로 발달했던 것이다. 말을 타고 달리다가 갑자기 상체를 뒤로 돌려서 화살을 쏴 적군을 살상하는 방식이 기병 무예훈련의 기본이었다. 이러한 기병 중심의 전술체계는 거란족이나 여진족 등 북방 이민족의 침략을 많이 받았던 고려시대는 물론이고 야인들을 물리치고 북방 영토개척을 이룩한 조선시대에도 지속되었다.

다음으로는 삼국시대 이래 우리나라에서 벌어진 전투가 대부분 산성(山城)을 중심으로 전개되었다는 점을 들 수 있다. 평지가 대부분인 유럽과 달리 한반도는 국토의 대부분이 산악지형이다. 따라서 주거지 주변의 요충지에 산성을 구축하고 평지에서 생활하다가 적군이 침략하면 산성으로 피난해 방어하는 청야입보(淸野入堡)의 수성전(守城戰)이 중시되었다. 화약무기를 사용하기 이전 수성전에 가장 적합한 전투방식은 접전이 필요한 단병전술이 아니라 가능한 한 원거리 공격으로 적군의 산성 접근을 막는 장병전술이었다. 이러한 전투방식에 가장 적합한 무기가 바로 활이었던 것이다.

전통 기병의 무기와 무예

기동과 충격의 대명사, 기병

전쟁영화에서 지축을 흔들며 무리를 이룬 채 무서운 속도로 적진을 향해 돌진하는 기병대를 보면 한편으로는 통쾌함을, 다른 한편으로는 전율과 공포를 느낀다.

이처럼 적 진영 돌파를 주 임무로 수행하는 부대가 바로 기병이다. 기병은 고대전쟁에서 유일하고 확실한 기동수단이었으며, 무장한 인원을 빠르게 적군에게 접근시켜서 적 진영을 교란하거나 적보다 먼저 유리한 요충지를 점령하는 역할을 했다. 인간의 키가 그리 크지 않았던 과거에 말 위에서 무기를 휘두르는 기병은 보병이 대적하기에 너무나 버거운 상대였다. 물론 우수한 말의 획득과 사육, 그리고 기병의 훈련 등에 소요되는 엄청난 비용으로 병력 규모가 제한적일 수밖에 없었지만, 그럼에도 불구하고 보병에게는 가히 천하무적이었을 것으로 짐작된다.

고고학자들은 출토된 고대 유물들을 근거로 우리에게도 북방 기마민족의 피가 흐르고 있다고 주장한다. 경상도 김해 지역의 가야 유적지에서 출토된 유물이나 신라 고분에서 출토된 갑옷 유물, 무엇보다도 북한의 고분벽화에 등장하는 고구려 기병의 늠름한 모습 등에서 이러한 주장의 타당성을 엿볼 수 있다. 고대의 기마전은 대표적인 전투형태였으며, 이때 '동이족'이라는 명칭에 걸맞게 각궁을 이용한 기사(騎射)가 중요한 역할을 했다. 삼국 모두 기병 양성에 주력했으나 무엇보다도 대륙 북방민족과 끊임없는 항쟁을 통해 성장한 고구려에서 기마전이 널리 성행했다.

고구려 요동정벌의 비밀병기, 철갑기병

삼국시대 기병의 모습은 출토된 유물을 통해서 유추해 볼 수 있으나 현존하는 고구려 고분벽화를 통해 보다 분명하게 알 수 있다. 고구려인들이 남긴 고분벽화—안악 2호 및 3호

고구려 삼실총 무사

분, 덕흥리 고분 벽화, 약수리 고분 벽화, 쌍영총 및 무용총 벽화—에는 갑주를 착용하고 마상에서 무용(武勇)을 뽐내는 고구려 기병의 모습이 생동감 있게 그려 있다. 벽화에 대한 관찰을 통해 당시 고구려 기병의 무장과 보호 장비에 대해 알 수 있고, 광개토대왕이 벌인 정복전쟁의 비밀병기가 바로 고구려 철갑기병이었음을 알 수 있다. 물론 백제나 신라도 기병을 적극적으로 육성했으나 가장 커다란 위력을 발휘해 요동정벌이라는 위업을 달성한 주인공은 바로 고구려 기병부대였다.

이처럼 삼국이 기병대를 적극적으로 육성하면서 기마용 부속장비, 즉 마구류가 발전했다. 삼국시대 기병이 어떤 마구류를 사용했는지는 쌍영총의 기마 인물도(圖)와 기마 인물형

고구려 무용총 수렵도

토기 등을 통해서 유추할 수 있다. 마구류 중에서 가장 중요한 것은 기사의 안정 유지에 필수였던 안장과 등자(鐙子)다. 안장이 기사의 상체를 전후로 잡아준 데 비해 등자는 좌우로 고정해 주었다. 덕분에 기사는 말과 혼연일체가 되어 양손으로 활을 쏘거나 창을 휘두를 수 있었고, 기병대 고유기능인 돌격을 감행할 수 있었다. 말과 하나 된 기병이 전속력으로 달려와서 부딪혔을 때 분출되는 충격력은 가히 상상을 초월했다.

직접적인 살상무기가 아니면서 전쟁의 역사에 중요한 영향을 미친 도구는 등자다. 초기에 등자는 몸체를 나무로 만들고 발바닥이 닫는 표면에 철판을 덧대어 미끄럼과 마모를 방지했다. 서양에서는 등자의 사용을 중세 1,000년에 걸친 기사시대의 문을 연 원동력으로 보고 이를 무기발달사의 '혁명적 사건'으로 평가하고 있다.

고구려 무용총 벽화의 수렵도에 등장하는 기병의 무기와 장비를 통해 당시 고구려 기병의 무장 상태를 알 수 있다. 좀 더 구체적으로는 평안남도 덕흥리에서 발견된 고분벽화에서 광개토대왕과 함께 요동지역을 호령했던 고구려 철갑기병의 모습을 살필 수 있다. 그림에서 기사들은 삼각형 또는 사각형 모양의 철판을 작은 쇠못이나 가죽끈으로 연결해 만든 찰갑(札甲, 쇠미늘)으로 몸을 감싸고 머리에는 철제 투구를 쓰고 있으며, 심지어는 말도 철제 갑옷을 입혔다.

찰갑과 짝을 이루어 철 투구도 제작되었다. 갑옷을 입은 고구려 기병은 머리와 목 부분을 투구로 보호했다. 고구려 기병의 투구는 여러 형태가 있으나 가장 일반적인 것은 상단부가 좁고 하단부가 약간 넓은 긴 철편을 여러 개 이어서 몸통을 만들고 중앙에 사발형 철판을 올려놓아 완성한 '종장판주(從長板冑)'였다. 이러한 반원형 투구 좌우 아래로 철편을 이용해 '볼 가리개'와 '목 가리개'를 덧붙여서 얼굴 옆면과 머리 뒷부분을 보호했다.

고구려의 기병은 자신만 무장한 것이 아니라 온몸을 갑옷으로 감싼 개마(鎧馬)를 타고서 전장에 나갔다. 이처럼 풍부한 철 생산을 바탕으로 정예 철갑기병대를 양성한 고구려는 광개토대왕과 장수왕 통치기에 요동벌판을 호령했을 뿐만 아니라, 거의 반세기에 걸쳐 진행된 수나라 및 당나라와의 전쟁을 승리로 이끌 수 있었다.

그렇다면 기병은 어떠한 훈련을 받았을까? 삼국시대에는 전장 승패의 열쇠를 기병대가 가지고 있었기에 평소 마상무예가 적극적으로 권장되었다. 마상무예의 핵심은 말 타기와 활쏘기가 결합한 기사술(騎射術)이었다. 동이족이라는 명칭에서 알 수 있듯이 삼국시대부터 우리나라는 각궁으로 유명했다. 그러다 보니 주 무기인 활을 중시하게 되었고, 그 기능을

고구려 삼실총 기마전투도

극대화할 수 있는 활쏘기 훈련이 강조되었다. 을지문덕이 한 개의 화살로 날아가는 기러기 여러 마리를 한꺼번에 맞춰 떨어뜨렸다는 일화는 그만큼 활쏘기가 유행하고 중시되었음을 의미한다. 그런데 문제는 말을 타고 달리면서 활로 표적을 명중시켜야만 한다는 점이었다. 이는 평소 기사술이 매우 중시되었으리란 점을 암시한다.

다행스럽게도 삼국시대에 기병들이 어떻게 활을 쏘았는가를 엿볼 수 있는 단서가 남아 있다. 고구려 고분벽화인 무용총의 '수렵도'가 그 주인공이다. 수명의 기마무사들이 활로 노루와 호랑이를 사냥하는 그림인데, 이들의 사냥모습을 살

기병 기창술

펴보면 말을 타고 달리면서 각궁의 활시위를 당기고 있다. 특이하게도 한 명의 기마무사는 안장에 앉은 채 상체만 뒤로 돌려서 활 당기는 모습을 하고 있다. 이러한 활쏘기 방식이 고구려 벽화는 물론 백제나 신라의 유물에서도 발견된 바, 이것이 삼국시대의 전형적인 활쏘기 기법으로 평소 상당한 훈련 없이는 구사하기 어려운 고난도 무예로 보인다.

기병의 또 다른 무기는 창(槍)이었다. 고구려 벽화에서 갑주로 온몸을 감싼 기마무사가 긴 창을 든 모습을 볼 수 있다. 이는 원거리에서는 활을 주 무기로 했으나 실제 접전단계에서는 창으로 승부를 겨루었음을 짐작케 한다. 그렇다면 평소 마상무예인 기창술(騎槍術)이 강조되었음을 알 수 있다. 마상에서 창을 어떻게 휘둘렀는지 오늘날 정확하게 알 수는 없으나 고구려 삼실총의 공성도 벽화의 서로 쫓고 쫓기는 두 기병의 기마전에서 기창술의 한 단면을 엿볼 수 있다. 양손으로 창을 머리 높이까지 치켜세운 자세로 말을 타고 달리면서 상대방을 찌르는 동작과 이를 한 손으로 잡아서 빼앗는 고난도의 기창술이 과시되고 있다.

삼국시대 이후 기병과 그 무기

거의 반세기에 달하는 후삼국시대를 끝내고 서기 918년에 태조 왕건이 송악(개경)에 고려를 건국했다. 이후 약 5백 년에 달하는 긴 세월 동안 고려인들은 거란족, 여진족, 몽골족 등 북방민족과 치열한 생존경쟁을 벌였고, 고려 말에는 홍건적의 침입으로 어려움을 겪었다. 게다가 왜구는 지속적으로 고려를 괴롭힌 골칫거리였다. 이처럼 계속된 외침(外侵)에 대응하면서 고려는 무기를 발전시키고 무예를 연마했다.

고려의 무기와 무예는 기본적으로 삼국시대의 것과 별반 다를 것이 없었다. 후삼국 통일전쟁 시에 왕건은 기병대를 이용해 여러 번 견훤의 후백제 군대를 무찔렀다. 이때 왕건의 기병대는 창, 칼, 그리고 각궁으로 무장했는데, 각궁의 위력은 앞에서 말한 바대로 사정거리가 250m에 달할 정도였다. 막강했던 왕건의 군사력 중에서도 후삼국 통일의 견인차는 효과적인 기병의 운용이었다. 그 덕분에 고려 초에는 자연스럽게 기병 중심의 무예가 주류를 이루게 되었다.

그러나 세월이 흐르면서 기병보다는 보병 위주로 군대조직이 변경되었다. 그러다 보니 보병에 필요한 무기와 무예가 발전하게 되었다. 숙종 대에 이르러 여진족에 대응할 목적으로 일종의 특수부대인 별무반이 설치되면서 재차 기병이 주목받기 시작했다. 별무반을 구성한 신기군(神騎軍), 신보군, 항마군 중에서 신기군이 바로 기병이었던 것이다. 기병 위주로 전투하는 여진족에 대항하기 위해서는 고려군도 기병을 강화해야만 했고 이에 따라 기병에 관한 무예가 발달하게 되었다. 하지만 여진정벌이 끝난 후에 별무반이 해체되면서 기병의 위상도 하락하게 되었다.

그러나 조선왕조에 들어와서 기병은 또다시 강조되었다. 특히 조선 전기에는 주 방어 대상이 북방의 야인들이었기에 기병 중심의 군사조직을 유지해야만 했다. 이러한 연유로 최초 과거시험 때부터 무과에 기병 관련 내용이 포함되었다. 조선의 무과 시험과목은 무예와 강서(講書)로 크게 나뉘었다. 무예는 활쏘기와 창을 쓰는 보병무예 및 기사(騎射)와 격구로 이루어졌고, 강서는 병서와 유교경전을 평가하는 것이었다. 조선시대에, 비록 유희적 성격을 갖고 있었지만, 평소에 기병 훈련방식으로 애용된 것은 격구(擊毬)였다. 이는 서양의 폴로경기와 비슷하게 말을 타고 숟가락 모양의 장시(杖匙)라는 긴 막대기로 공을 치거나 퍼 담으면서 행하던 공놀이로 무과의 정식 과목이었다. 격구 경기에 임하기 위해서는 우수한 기마술은 기본이고 여기에 다양한 마상용 무기를 다룰 수 있는 높은 무예 실력을 갖추고 있어야만 했다. 세종대에는 격구 이외에 털로 만든 공을 마상에서 활로 쏘아 맞히는 모구(毛球)도 효과적인 마상무예 훈련방식으로 유행했다.

실전용으로 기병에게 강조된 무예는 궁술과 더불어 창술이었다. 마상에서 창을 다루는 것이었기에 흔히 기창술로 불렸고, 이는 각종 무예시험에 필수적으로 포함되었다. 실전(實戰)에서 말을 타고 접전을 벌일 때 가장 효과적인 무예가 바로 창술인데 주로 도주하는 적을 추격해 찔러 죽이는 방향으로 발전했다. 평소에 이러한 무예를 숙달시킬 목적으로 조선 초기에 실전용 마상무예의 하나로 고안된 것이 삼갑창(三甲槍)이었다. 이는 여섯 명의 기사들이 서로 편을 나누어 말을 타고 쫓고 쫓기는 상황에서 교전을 벌이는 훈련방식이었다. 무기만 다를 뿐 방식은 비슷했던 삼갑사(三甲射)도 실전용 마상 무예훈련방식으로 애용되었다. 이는 말을 탄 채로 달아나는 적 기병을 활로 쏘아 죽이는 무예로서 평소 상당한 훈련이 요구되는 방식이었다.

그러나 조선 중기 이후 화약무기가 발전하면서 상대적으

로 전통 무기와 무예 개발을 등한시한 결과 창술과 격구를 비롯한 기병의 무예는 쇠퇴했다. 효종 대에 북벌을 준비하면서 요동에서의 전투를 염두에 두고 기병을 육성했으나 효종 사망 이후 흐지부지되었다. 영조 대에 기존의 궁궐 숙위 및 호종의 임무를 담당하던 부대를 개편해 기병 중심의 독립부대인 용호영(龍虎營)을 설치하고 이들을 편곤(鞭棍)으로 무장시키기도 했으나 기병은 더 이상 이전의 위상을 찾지 못했다.

기병 정신의 부활을 꿈꾸다

역사상 우리나라 전쟁은 대부분 성곽(城郭)이나 산성을 거점으로 이루어졌기 때문에 먼 거리에서 적을 공격하는 활과 화살 위주의 무기체계가 발전했다. 그러다 보니 넓은 공간에서 벌어지는 기마전은 북방의 국경지대에서 야인을 상대로 한 소규모 접전을 제외하고는 드물게 이루어졌다. 또한 기병은 보병에 비해 평시 유지비가 많이 소요되었기에 당시 조선의 국력으로는 대규모 기병부대를 장기간 유지하고 운용할 만한 여력이 없었다.

그렇다고 우리나라 역사에서 기병의 역할과 기여를 과소평가할 수 없다. 고구려의 철갑기병에서 알 수 있듯이, 원래 우리는 기마민족으로 만주 대평원을 말을 타고 달리며 호령했다. 비록 고구려가 멸망한 이후 우리 민족의 활동범위가 한반도로 축소되면서 기병의 역할이 줄어들었지만, 북방의 국경을 침탈한 야인들을 물리치면서 꾸준히 역량을 축적하고 관련 무예를 발전시켜 왔다. 특히 조선시대에는 기병의 무예가 무과시험의 필수 과목이 되면서 기병에 대한 관심은 꾸준히 유지되었다. 조선 중기 이후 화약무기가 발달하면서 기병의 위상이 저하되기는 했으나 무과에 응시하려는 자는 반드시 마상무예를 연마해야만 했다. 무과시험장에서 낙마한 이순신 장군이 부러진 다리를 버드나무 껍질로 동여매고 마상무예를 계속했다는 일화는 잘 알려졌다.

조선 후기에는 다른 병종에 비해 더욱 위축되면서 기병의 존재 자체가 희미해졌다. 하지만 기병과 마상무예의 전통은 등락은 있었을지언정 면면히 이어져 내려왔다. 조선 후기에 작성된 전국 말 사육장 분포도를 보면 숫자가 의외로 많다. 우리 군대 역사에서 당당히 한 자리를 차지했으나 세월의 흐름 속에서 잊힌 병종처럼 된 기병의 존재와 그 정신을 재인식할 필요가 있다.

우리의 전통 성곽과 무기

산성의 나라와 그 의미

한반도는 국토의 70% 이상이 산악으로 이루어져 있기에 예로부터 성곽을 축조하고 활용해 수많은 외침에 대응했다. 이를 반증하듯이 삼국시대에서부터 조선 후기에 이르기까지 축조된 성곽들의 흔적을 한반도 전역에서 어렵지 않게 발견할 수 있다. 이는 성곽이 우리 민족의 국방 역사에서 중요한 위치를 차지하고 있음을 의미한다. 시대를 거치면서 국가의 통치자들은 성곽의 축조와 보수에 나름대로 심혈을 기울였다. 이와 함께 국가의 방위체제도 바로 성곽을 중심으로 계획되었고, 성곽을 이용한 방어전술도 발달하게 되었다.

그런데 우리나라의 성은 평지가 대부분인 유럽과 달리 주로 산성의 형태를 이루고 있다. 산의 자연적 형세를 십분 활용한 축성기술을 발전시킨 것이다.

우리 민족은 삼국시대를 제외하고는 다른 나라를 침략한 적이 없었다. 오히려 대부분 침략을 당했기에 공성무기보다는 수성무기가 발전했다. 그러다 보니 이 분야의 무기는 종류도 적고 남아 있는 유물도 별로 없어서 과거 모습을 알기 만만치 않다.

성곽의 의미와 유형

수렵으로 생계를 연명하던 구석기인들은 먹을거리를 찾아 이동해야 했다. 사냥감의 위치가 생존과 직결되었기 때문이다. 하지만 신석기시대로 접어들면서 사람들은 농경생활을 했고, 어로(漁撈)에 유리한 강가나 비옥한 평지에 정착했다. 시간이 흘러 인구가 늘고 지배와 피지배의 위계질서가 형성됐다. 이제 지배자는 자신의 영역과 백성을 지키기 위해서 방어망을 구축했고, 필요시 다른 집단을 공격해 그들을 자신의 지배하에 놓으려고 했다. 바로 이 시기부터 성곽이 모습을 드러내기 시작했다.

우리나라에서는 성곽보다 '성'이라는 표현이 주로 사용됐다. 엄밀하게 구분하면, 성은 내성(內城)을, 곽은 외성(外城)을 의미한다. 하지만 우리나라는 대부분 외성은 없고 성만 축조된 형태로 존재했다. 아마도 산성을 위주로 축성했기에 서양처럼 굳이 외성을 설치할 필요성을 느끼지 못했으리라 여긴다. 초기에는 지형을 이용해 마을 둘레에 흙이나 돌로 둑을 쌓고 구덩이를 파는 원시적인 형태였으나 점차 인구가 증가하고 축성기술이 발달하면서 정교하고 견고한 성들이 등장했다.

지형에 따라 목책 성, 토성, 그리고 산성 등이 등장했다. 목책 성은 말 그대로 통나무를 연결해 담을 만들어 방어하는 형태였다. 고구려·백제·신라 중 상대적으로 개활지가 많았던 백제가 주로 목책 성을 활용했다. 나무였기에 화공(火攻)에 취약하다는 단점이 있었으나 단시간에 설치할 수 있다는 장점이 있었다. 삼국시대 이후에는 목책 성을 찾아보기가 어렵지만, 북방 국경 지역에서 여진족과 대치하고 있던 고려시대에도 필요에 따라 목책 성을 세워서 방어에 이용했다. 특히 임진왜란 시 권율 장군은 행주산성에서 목책을 이용, 이중 방벽을 설치함으로써 왜군의 공격을 효과적으로 저지할 수 있었다.

토성은 말 그대로 흙으로 쌓은 성을 말하며, 자연 여건상 석재가 희박한 지역이나 석재를 얻기 어려운 평지에서 주로 구축했다. 이는 삼국시대부터 고려 말 또는 조선 초까지 석성 못지않게 유행했고, 외침을 막는 데 나름대로 기여했다. 우리나라에서 발견되는 토성은 대부분 흙을 단단하게 다져서 높이를 더하는 방식(판축법, 版築法)으로 만들었다. 대표적으로 백제의 성인 송파의 풍납토성과 부여의 부소산성을 꼽을 수 있다. 사방에 널려 있는 흙을 주재료로 사용했으나 이를 으깨고 반죽해 무너지지 않게 쌓으려면 상당한 노동력과 시간이 필요했다. 무심코 보면 자연적인 구릉지처럼 보이지만 방어작전 수행에 매우 긴요했음을 알 수 있다.

마지막으로 우리나라 성을 대표하는 석성(石城)이 있다. 석성이란 말 그대로 석축으로 쌓은 성을 말한다. 한반도 지형은 단단한 화강암으로 이루어져 있기에 축성에 필요한 석재를 쉽게 구할 수 있었다. 이러한 이점 덕분에 석성은 삼국시대부터 조선 후기에 이르기까지 우리나라 성곽의 주류 역할을 해왔다. 토성에 비해 석성은 무거운 돌을 깎고 다듬어서 이를 약 15도 경사로 축석해야만 했기에 공사하기가 어렵고 사고의 위험도 높았다.

세월이 흐르면서 석성도 발전했다. 17세기 이후 대포의 위력이 향상되면서 석재만으로는 포격에 취약했기에 외측에는 석재를 그리고 내측에는 흙을 쌓았고, 18세기에 들어서면서 석재와 벽돌을 혼용했다. 석재는 포격을 받았을 때 성이

한꺼번에 무너질 우려가 있지만, 벽돌은 포격을 받은 부분만 떨어져 나갈 뿐 성이 와해되는 경우가 드물었기 때문이다.

조선 중기 이후 축성된 읍성은 목책 성이나 토성처럼 평지에 지은 성이지만 우리나라의 성은 대부분 거주지에 근접한 산등성이에 쌓은 산성이었다. 산성은 적군이 반드시 통과해야만 하는 지리적 요충지지만, 생활 근거지에 인접하면서도 유사시에 신속하게 입성해 적군에 맞설 수 있는 유리한 지형에 축성했다. 이러한 산성에서 한반도의 자연조건을 십분 활용한 선조들의 지혜를 읽을 수 있다.

또한 선조들은 산에 천편일률적으로 성을 쌓은 것이 아니었다. 산세(山勢)를 보고 이에 가장 적합한 모양으로 성을 축

남한산성 성벽

조했던 것이다.

산성을 축조하는 대표적인 방식은 산의 7~8부 능선을 돌아서 성을 쌓는 '퇴뫼식'과 성 안에 한 개 또는 그 이상의 계곡을 감싸면서 축성하는 '포곡식'이 있다. 전자가 상대적으로 규모가 작아 주로 단기전투에 쓰였다면, 후자는 성 안에 우물이 있고 활동공간도 넓어서 장기전투에 적합했다.

그런데 이렇게 성만 축조하면 외적의 침략을 막을 수 있었을까? 아니다. 성은 단순히 장애물을 설치한 정도에 불과할 뿐이며, 각종 수성무기와 결합할 경우에 진정한 위력을 발휘할 수 있었다.

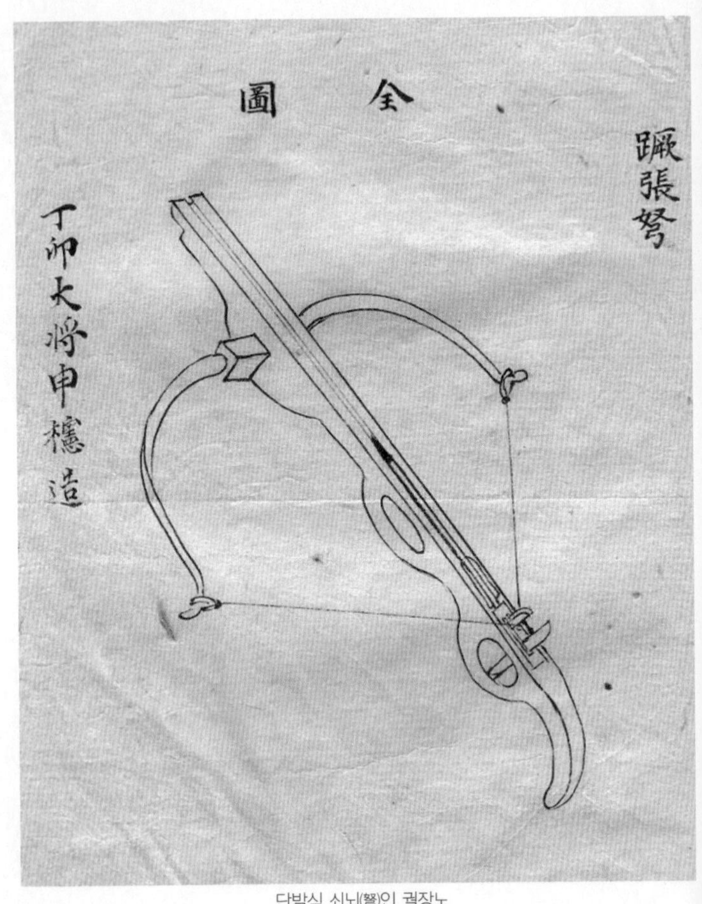

단발식 쇠뇌(弩)인 궐장노

성곽을 공격하고 지킨 무기들

성곽이란 축성만 해 놓아서는 아무런 전술적 가치가 없다. 외적이 침입했을 때 신속하게 그곳으로 들어가서 성을 지켜내야 하며, 반대로 적의 영토를 쳐들어갔을 때는 성을 함락시켜야만 했다. 우리나라 5,000년 역사에서 산성을 둘러싼 공방전이 가장 치열하게 벌어진 것은 삼국시대였다. 특히 한강 유역은 삼국의 주요 전장이었다. 따라서 이 시기에 성을 공격하는 무기와 수성에 동원된 무기가 많이 제작되었고 오늘날까지 전해지고 있다. 근접하는 적군을 향해 돌을 발사한 석포(石砲), 기계의 힘으로 대형 화살을 발사한 쇠뇌, 성벽을 기어오르는 적병을 베는 무기인 갈고리창이나 양지창, 철 낫, 그리고 적 기병의 활동을 억제하기 위한 마름쇠 등은 당대의 대표적인 공성 및 수성용 무기다.

대포가 등장하기 이전 공성전과 수성전에서 위력을 발휘한 무기는 투석기인 석포였다. 삼국시대에 삼국은 모두 별도의 석포부대를 설치해 운용할 정도로 공성전에서 석포는 필수적인 무기였다. 석환을 멀리 날려 보낸 포는 공성전에서는 적군의 성벽을 부수기 위해서, 수성전에서는 몰려드는 적군을 와해시키기 위해서 사용되었다. 석포는 저울대처럼 생긴 투석기의 한쪽 끝에 돌을 담고 나머지 한쪽 끝에 밧줄을 달아 이를 인력으로 당기거나 중세시대 서양의 트레뷰셋처럼 무거운 추를 달았다가 떨어뜨리는 방식으로 돌을 날려 보내었다. 또한 서양에서 석궁이라 불린 쇠뇌는 기계력을 이용해 커다란 화살을 발사했으나 성벽을 부수는 용도보다는 인마살상용으로 활용되었다.

이외 무기들은 성 안에서 가해지는 석포나 쇠뇌의 공격을 이겨내고 성벽에 접근한 적군을 제압하기 위한 용도로 사용되었다. 갈고리 창은 성벽을 기어오르는 적병을 걸거나 찍기 위해서, 양지창은 사다리를 타고 성벽을 기어오르는 적병을 찌르기 위해서, 그리고 철 낫은 성벽을 오르는 적병을 걸어 베는 데 주로 사용되었다. 결사항전에도 불구하고 성이 함락되었을 때 방어군은 성 안의 중요 건물에 불을 지르고 적군이 사용할 만한 무기들을 땅속에 파묻고 도주하거나 항복했다. 기록에 의하면, 삼국은 모두 공성 및 수성 전담부대를 편성해 운용할 정도로 공성전의 비중이 매우 높았다.

삼국시대 이외에 우리 민족이 성곽전투를 벌인 것은 고려시대였다. 세계적 강국으로 성장한 몽골은 기병 중심이라는 단점을 보완하기 위해 정복 지역의 군사기술을 적극적으로 수용했다. 특히 한족이나 거란족 및 여진족 군대를 혼합 편성해 보병부대를 보완했고, 무엇보다도 공성전에 필요한 무기와 장비를 크게 보강했다. 몽골군은 고려 침략 시에 다양한 공성무기를 동원했다. 예를 들어 커다란 수레 위에 높은 누각을 올리고 그 위에 병사들이 올라가 성벽이나 성 안을 내려다보면서 활을 쏘거나 창을 던졌던 누거(樓居), 성벽을 무너뜨리기 위해 무거운 석환을 발사하는 데 사용된 발석차, 그리고 높은 성벽을 공격하기 위해서 동원된 긴 사다리였던 운제(雲梯) 등을 대표적 공성무기로 꼽을 수 있다.

이러한 우수한 공성무기로 무장한 몽골군에 고려는 어떻게 대응했을까? 철저한 수성작전으로 몽골의 줄기찬 공격을 막아냈다. 이는 『고려사』에 기록된 몽골군 1차 침입 당시 귀주성 전투를 통해 엿볼 수 있다. 몽골군이 누거, 대포차, 운제 등 당대의 최신 공성무기를 동원해 귀주성을 공격하자 박서 장군은 성벽 위에서 쇳물을 부어 적의 공성무기를 불태우고, 적군이 화공을 펼치면 성벽 위에

운제

물을 저장했다가 이를 쏟아 부어 소화(消火)하는 방식으로 대응했다. 또한 성안에서 병사들은 활을 쏘고, 훈련받은 특수병력이 포를 사격하면서 몽골군의 공격에 항전했다. 결국 한 달여에 걸친 공방전을 치르고도 몽골군은 성을 함락시키지 못하고 퇴각하고 말았다.

삼국시대 이래로 우리 민족은 다른 나라를 침략하기보다는 그 반대의 경우가 많았기에 공성무기는 거의 발전하지 못했다. 조선시대에도 북방의 국경지대에서 벌어진 야인들과의 간헐적인 접전 이외에 조선 중기 이전까지 내세울 만한 전투를 경험하지 못했다. 임진왜란 초기에 부산진성과 동래부성에서 벌어진 왜군과의 전투 장면을 보면 조선군은 성벽 위에서 활을 쏘거나 창으로 찌르고 돌멩이를 집어던지는 방식으로 대항하고 있다. 조선시대에 사용된 수성전 무기로는 적 기병의 돌격을 저지하기 위해 끝이 날카로운 창을 여러 개 겹쳐 묶어서 세워놓은 거마(拒馬), 성벽 주위나 적의 도하지점에 뿌려놓아 적 기병의 행동을 제약한 네 개의 뾰쪽 날을 가진 마름쇠, 오늘날 화학무기 같은 기능을 가진 석회 주머니, 그리고 성벽 위에서 적군을 향해 단단한 작은 돌을 집어던지는 투석 등을 꼽을 수 있다. 역사상 조선이 주도적으로 벌인 공성전이 거의 없었던 탓에 대형 공성 및 수성 무기는 개발되지 못했다.

최무선과 화약무기 시대의 개막

화약, 무기체계의 패러다임을 바꾸다

수년 전에 〈아바타〉라는 영화가 개봉되어 크게 유행한 적이 있다. 판도라라는 행성에서 주변 자연환경과 교감하며 평화롭게 살던 나비족을 탐욕에 물든 인간들이 강제로 쫓아내려고 하자 아바타인 주인공이 나비족과 합세해 침입자들을 몰아내고 자연과 평화를 지킨다는 줄거리다. 그런데 이 영화에서 각종 첨단화약무기로 무장한 인간의 공격에 나비족은 활과 창 같은 원시무기로 대응하고 있다. 물론 영화에서는 근력무기를 가진 나비족의 승리로 결말이 났지만, 이는 영화에서나 가능할 뿐 현실에서는 결코 일어날 수 없다. 즉, 인간 근육의 힘을 이용한 재래식 무기는 화약(火藥)이라는 신무기의 상대가 될 수 없음을 역사가 입증하고 있다.

화약무기에 대한 고찰 이전에 우선 화약에 대해 살펴볼 필요가 있다. 화약이 없다면 화약무기는 단순한 고철덩어리에 불과하기 때문이다. 흔히 화약은 중국에서 최초로 만들어진 것으로 알려졌다. 2008년 베이징 올림픽 개막공연에서 중국인들은 인류 문명의 4대 발명품인 종이, 나침반, 인쇄술, 그리고 화약을 전 세계에 자랑한 바 있다. 원래 화약은 진시황제가 불사약을 구하는 과정에서 발견되었기에 '약(藥)'자를 쓰게 되었다고 한다. 하지만 기록상으로는 1044년에 발간된 『무경총요』에 제조법이 처음으로 소개됐다. 19세기 중엽에 무연화약이 개발되기 이전까지는 흑색화약이 화약을 대표했다. 이는 초석(75%), 유황(10%), 그리고 목탄(15%)을 혼합한 것으로 색깔이 검고 폭발 시 시꺼먼 연기가 났기 때문에 그렇게 불렀다.

처음에 중국인들은 화약을 무기가 아니라 불꽃놀이용 재료로 사용했다. 하지만 전쟁무기로써 유용성을 깨닫게 된 그들은 화약제조법을 국가 기밀로 정하고 유출을 엄격하게 통제했다. 따라서 고려를 비롯한 중국의 주변국들은 비싼 가격을 주고 화약을 구입할 수밖에 없었다. 그러다 고려는 자체적으로 화약을 제조할 수 있게 되었고, 그 중심에 우리나라 '화약의 아버지'라고 불리는 최무선(崔茂宣, 1328~1395)이 있었다. 그는 1380년경에 화약제조법을 알아내어 화약의 국산화에 기여했음은 물론, 각종 화기를 제작해 우리나라 화포발달사에 획을 긋게 되었다.

최무선의 생애와 화약제조법 개발

최무선의 출생과 행적에 대한 기록은 극히 드물다. 그의 이름은 『고려사』와 『조선왕조실록』 등에 매우 드물게 나올 뿐 그의 생애를 구체적으로 서술한 기록은 없다.

최무선은 1328년에 오늘날 경북 영천시 부근에서 관리들의 봉급 지불을 관장한 광흥창 책임자 최동순의 아들로 태어났다. 그의 어린 시절에 대한 기록은 거의 없으나 고려 말의 역사적 상황을 통해서 그가 청소년기에 어떻게 화약을 접하고 이의 중요성을 깨닫게 되었는가 유추해 볼 수 있다.

그가 활동한 1330년부터 1380년까지는 격동기였다. 오랫동안 원나라의 예속하에 있던 고려 조정의 통치체제는 불안정한 상태였고, 당시 원의 영향력이 약화되면서 고려사회의 혼란은 더욱 심각해졌다. 중앙정부가 이렇다 보니 해안에는 왜구들이 출몰해 극성을 부리는 통에 백성의 삶은 극히 피

최무선 초상화

폐해졌다. 부친 덕분에 개경에서 생활한 최무선은 이러한 시대적 흐름을 직접 체험할 수 있었다. 무엇보다도 당시 남해안에 출몰해 약탈을 일삼던 왜구들의 잔학상과 이들이 끼친 피해에 대해 절감하게 되었다. 부친이 전국에서 개경으로 올라오는 세수미를 관리하는 직책에 있었기에 최무선은 젊은 시절부터 자연스럽게 왜구에 대해 강한 적개심과 토벌에 대해 강한 집념을 갖게 되었다.

왜구 토벌을 고심하던 최무선에게 해결책으로 떠오른 것이 바로 화약이었다. 중국에서는 이미 송나라 초기인 10세기 무렵부터 화약을 제조하고 이를 이용한 화기를 사용하고 있었지만, 제조기술은 극비에 부쳐졌기 때문에 알아낼 방도가 없었다. 그러한 이유로 화약은 14세기 초 공민왕 대에 이르러서야 고려에 전해지게 되었다. 당시 왜구의 극성으로 골머리를 앓고 있던 고려 왕실은 화약의 필요성을 느끼고 중국에 사신을 보내 끈질기게 화약 공급을 요청했다. 마침내 1372년(공민왕 21)에 간신히 중국으로부터 염초와 유황 등 화약제조에 필요한 원료를 얻어낼 수 있었다. 이는 최무선이 화약을 제조하기 이전에 이미 화약의 구성 물질에 대한 기초지식은 어느 정도 알려졌었음을 의미한다.

그러나 문제는 화약의 주원료 중 하나인 염초를 추출하는 방법과 이를 유황, 목탄과 혼합하는 비율을 알지 못했다는 점이었다. 최무선은 바로 이점을 해결해 화약의 국산화에 성공했던 것이다. 염초는 절간이나 부뚜막, 또는 온돌바닥의 흙을 모아서 물에 탄 뒤 이를 가마솥에 넣어 끓이는 방식으로 얻을 수 있었다. 그런데 이것을 알아내는 과정이 만만치 않았다. 화약제조에 노심초사하던 최무선은 곧 염초 제조라는 난관에 부딪혔다. 이를 해결하기 위해 다각도로 노력하던 중

당시 상거래 차 고려에 온 이원(李元)이란 중국 상인(원래 염초 제조기술자였음)을 통해 염초 제조비법과 화약 원료의 혼합비율을 알아낼 수 있었다. 드디어 화약을 자체 생산할 수 있는 길이 열리게 된 것이었다.

화약무기 제작과 실전 활용

화약제조법을 터득한 최무선에게 남은 문제는 '어떻게 이를 활용해 왜구를 토벌할 것인가?'였다. 이 문제는 의외로 쉽게 해결되었다. 최무선의 명성을 전해 들은 고려 왕실에서 1377년 말 개경에 '화통도감'을 설치하고 그를 책임자로 임명했던 것이다. 최무선은 왕실의 재정적 지원으로 화약을 사용할 수 있는 각종 화기를 제작하는 데 심혈을 기울였다. 『태조실록』에 의하면, 그는 화통도감에서 다양한 화약무기를 만들었다. 물론 그가 만든 무기들이 당대의 무기체계를 크게 바꿀 정도로 엄청난 것은 아니었다. 하지만 그동안 고려 군대가 주로 의존하고 있던 활이나 창 같은 근력무기에 비한다면, 화약무기의 출현은 대단한 변화였다.

화약무기는 고려 수군에 중요한 영향을 끼쳤다. 화약무기를 사용함으로써 전술상 커다란 진전을 이룰 수 있었기 때문이다. 당시 고려 수군의 재래식 무기와 당파전술(撞破戰術,

뱃전을 적선에 충돌시켜 적선을 파괴하거나 피해를 주는 전술)만으로는 기습적으로 해안가에 상륙해 약탈한 후 빠르게 도망치는 왜구에 제대로 대응할 수 없었다. 하지만 화약무기가 도입되면서 고려 수군은 함선에 설치된 화포로 원거리 함포사격을 가할 수 있게 되었다. 기동성 때문에 얇은 나무판자로 건조된 왜선은 함포 공격에 취약했다.

고려 수군이 보유한 함포의 우수한 성능을 입증하는 데는 오랜 시간이 걸리지 않았다. 1380년(우왕 6) 8월에 벌어진 진포(금강 입구) 해전에서 고려 수군은 500여 척의 선박으로 침략해 육지에서 노략질을 벌이고 있던 왜구에 대응해 화포를 활용한 전술로 대승을 거두었던 것이다. 당시 최무선의 고려 수군 전력은 함선 100여 척에 불과했으나 화포로 무장한 덕분에 완승을 거둘 수 있었다. "시체가 바다를 덮었고, 피의 물결이 굽이칠 정도였다."라는 『고려사』의 기록을 통해 당시 고려군이 거둔 압승 장면을 유추해 볼 수 있다. 실제로 500여 척에 달했던 왜선은 거의 불탔고, 배에 타고 있던 2만여 명의 왜구들도 대부분 죽음을 면치 못했다.

화약을 제조하고 화약무기를 개발해 왜구의 침탈로부터 백성을 지키는 데 기여한 최무선은 1395년 4월 67세의 나이로 세상을 떠났다. 그에게는 아들이 한 명 있었는데, 그가 바로 조선 초기 태종과 세종 대에 화약무기 전성시대를 연 최해산(崔海山, 1380~1443)이었다. 부친 사망 시 겨우 15살에 불과했던 그는 부친의 유지를 받들어 화약전문가가 되었고, 마침내 조선 초기인 1401년(태종 1)에 군기시의 관리로 특채되어 화약무기 개발을 주도했다.

조선의 개인화기

총통(銃筒), 개인화기의 시대를 열다

조선시대 화기의 대명사인 총통은 손으로 직접 화약선에 불을 붙이는 지화식 화기였다. 총통은 크기별 또는 점화 방식별로 분류되었다. 하지만 이 장에서는 크기에 따라 소형화기와 대형화기로 나누고, 그중에서 소형화기, 즉 개인화기에 대해 살펴보고자 한다.

고려 말 최무선의 주도로 발전을 거듭하던 화약무기는 여말선초의 혼란기에 주춤하는 양상을 보였다. 수백 년간 지속하던 왕조가 어느 날 바뀌었는 바 그것이 당대인들에게 미친 충격을 생각할 때 충분히 짐작할 수 있는 일이다. 초기의 혼란을 수습하고 새로운 왕조가 안정을 되찾으면서 국방에 대한 관심이 높아졌고, 화약무기 개발에도 박차를 가하게 되었다. 이에 시동을 건 인물은 조선의 3대 국왕 태종이었고 그의 의지를 실천으로 옮긴이는 최무선의 아들 최해산이었다. 부자(父子)가 왕조를 달리하면서 화기개발의 주역으로 활약했던 것이다. 최해산은 부친이 '화통도감'을 이끌었던 것처럼, 1417년에 왕명으로 '화약제조청'을 설치해 화약제조와 화기의 개량에 심혈을 기울였다.

조선 고유의 개인화기, 세총통(細銃筒)

화약무기가 가장 비약적으로 발전한 것은 세종 대에 이르러서였다. '과학 군주'이기도 했던 세종의 깊은 관심 속에서 전대(前代)의 발전을 밑거름으로 무기개발의 꽃을 활짝 피우게 되었다. 이 시기에 화기개발의 방향은 북방 영토개척과 맞물려 있었다. 압록강과 두만강 유역에 거주하면서 지속적으로 함경도와 평안도 일대에 침입해 소란을 일삼던 여진족을 토벌하

세총통

고 영토를 확장하는 데 필요한 화약무기의 개발에 주력했던 것이다. 따라서 조선 초기에 각종 화기가 개발되었는데, 이들 중 가장 주목을 받은 것은 북방의 험준한 지형에서 효과적으로 사용할 수 있던 휴대용 개인화기였다.

이러한 요구에 적절하게 맞아떨어진 무기가 바로 세총통이었다. 명칭에서 짐작할 수 있듯이 길이 14cm, 구경 0.9cm로 화기 중 초소형에 해당했다. 그렇다면 어떻게 이러한 초소형무기를 발사할 수 있었으며, 그 위력은 어느 정도였을까? 전통시대에 개발된 개인화기들은 대부분 병부(柄部)라는 화기 손잡이 부분에 나무자루를 끼우고 이를 어깨 사이에 넣어 고정시킨 후 다른 한 손으로 화약선에 불을 붙여 사격했다. 그런데 화기의 길이를 줄여야겠다는 의도가 강했는지 세총통에는 나무자루를 끼워 넣을 수 있는 병부가 아예 없고 약실 끝 부분에서 마감된 모양새다.

그렇다면 어떻게 사격했을까? 이를 해결하기 위해 만든 것이 바로 쇠 집게 모양의 '철흠자(鐵欠子)'라는 사격보조기구였다. 세총통은 약실에 일정량의 화약을 넣고 세전(細箭)이라 불린 작은 화살을 총신에 장전한 다음 약실과 총신 중간 부분을 철흠자로 잡고 사격했던 것이다. 우리는 세총통을 통해서 당시 조선의 높은 과학기술 수준을 엿볼 수 있다. 세총통을 고정하는 철흠자의 경우 웬만한 금속기술로는 흉내조차도 내기가 어려울 정도로 정교하기 때문이다.

이토록 화기의 경량화를 추구한 이유는 무엇일까? 개인화기는 휴대가 간편해야 하는데, 그러려면 화기의 크기와 무게를 줄여야만 한다. 무게가 많이 나가면 휴대가 불편하고 발사 시에도 겨드랑이와 손목에 상당한 충격을 주기 때문이다. 또한 과도하게 길 경우 활이나 창 같은 다른 휴대무기들과 뒤엉켜서 적시(適時) 사격에 어려움이 많다. 이러한 문제를 일거에 해결했던 무기가 바로 세총통이었다. 덕분에 병사 한 명이 30개의 세총통을 미리 장전해 휴대하고 있다가 적군과 접전 시에 사용할 수도 있었다.

세총통이야 말로 조선만의 독특한 개인화기였다고 평가할 수 있다. 화기가 작아서 잘 보이지도 않고 어디에선가 큰 소리도 없이 화살이 날아온다면 상대방은 소름이 끼칠 것이다. 세총통과 보조기구에 대한 상세한 내용은 『국조오례의서례』

의 「병기도설」에 기록되어 있다.

최소량의 화약으로 최대의 살상력 얻기

화약 발명 이래로 이를 무기화하려는 시도는 동서양이 동일했으나 방법 면에서는 본질적으로 차이가 있었다. 그리고 이는 세월이 한참 지난 뒤 동서양 무기의 성능에 중요한 격차를 초래했다. 서양은 처음부터 화약의 폭발력을 이용해 총탄을 발사하는 방향으로 무기발전이 이루어진 데 비해 동양 및 조선은 화약을 전통 무기인 화살과 결합해 사용했던 것이다. 당시에는 총신의 강도가 약해서 화약 분량이 많을 경우 파열되는 경우가 많았고, 무엇보다도 철환을 넣고 사격했을 시 힘이 제대로 전달되지 못해서 사거리가 짧았던 것이 이유였다. 이에 비해 화살은 사거리가 길었고 표적에 대한 정확성도 높았다. 결과적으로 서양은 사격에 필수적인 방아틀뭉치 개발에 집중한 반면, 조선은 소량의 화약으로 다량의 화살을 먼 거리까지 발사할 방법을 찾는 데 주력했다. 지속적인 기술개발을 통해 마침내 1445년(세종 27)에 '일발다전법(一發多箭法)'이라고 불린 새로운 사격법을 완성하는 데 성공했다.

화약무기의 핵심은 화약이었다. 비록 고려 말에 최무선의 노력으로 화약제조법을 습득했으나 화약을 만드는 데 가장 중요한 원료였던 염초는 다량으로 얻기 어려웠다. 그러다 보니 당연히 화약은 매우 귀중한 군수물자가 되었고, 가능한 한 아껴서 사용해야만 했다. 이 문제를 해결할 수 있는 방법은 두 가지였다. 우선 화약의 성능을 향상시켜 소량으로도 동일한 사거리를 얻는 것이고, 다음으로 동일한 분량의 화약으로 여러 발의 화살을 발사하는 것이었다. 그런데 화약의 성능을 높이는 문제는 과학 지식이 필요한 것으로 해결하기 어려웠기에 후자의 방법을 찾는 데 주력했다. 이는 화기 사격술의 개선으로 어느 정도 해결할 수 있었기 때문이다.

한 번에 여러 발의 화살을 날린다, 팔전총통(八箭銃筒)

한 번에 다량의 화살을 사격할 수 있는 무기로는 세종 대에 만들어진 사전총통과 팔전총통을 꼽을 수 있다. 1448년(세종 30)에 발간된 『총통등록』에 의하면, 화기의 명칭대로 전자는 4발, 후자는 8발의 작은 화살을 일거에 발사할 수 있

사전총통

었다. 총신 하나에 4~8발의 화살을 넣고서 사격했을 때 과연 화살 전체가 발사되었을까 하는 의문을 가질 수 있다. 발사된 여러 발의 화살이 동일한 궤적을 이루면서 날아가도록 하는 문제는 결코 만만한 일이 아니었다. 물론 부단한 훈련과 사격술 개발로 가능했으리라 짐작된다.

한 번에 여러 발의 화살을 날려 보낼 수 있었던 데는 중요한 비밀이 숨겨져 있었다. 바로 격목(隔木)을 끼워 넣을 수 있는 격목부 설치였다. 이는 약실 속에 넣은 화약의 폭발력을 최대한 활용하려는 고심 끝에 개발된 기술이었다. 약실이 폭발할 때 발생하는 연소가스 유출을 방지하고 압력을 한 방향으로 고르게 미치도록 해서 화기의 성능을 높이려는 시도였다. 총신과 약실 사이에 있는 격목부에 격목을 끼워 넣음으로써 문제를 해결하고 화살의 사정거리를 연장할 수 있었던 것이다. 조선시대의 화기를 보면 총신의 내부구조가 무격목형, 격목형, 그리고 격목부를 없애고 총신의 굴곡을 제거한 토격형 순으로 발전해 온 것을 알 수 있다.

조선군의 주력 개인화기, 승자총통(勝字銃筒)

그렇다면 화약의 힘으로 날려 보낸 것이 화살만이었을까? 물론 초기에는 주로 화살을 사용했으나 근본적으로는 총신의 구조가 굴곡져 있던 연유로 화살 이외에 다른 발사체를 사용할 수 없었다. 하지만 내부구조가 상하 평행인 토격형 총신 제작이 가능해지면서 화살은 물론 철과 납으로 만든 탄환도 발사할 수 있었다. 휴대의 간편성, 살상력, 그리고 비용의 측면에서도 화살보다는 철환을 발사하는 것이 유리했다. 이러한 변화가 주류를 이루기 위해서는 세종 대로부터 한 세기 이상을 더 기다려야만 했다. 즉, 임진왜란 직전인 선조 대에 경상병사를 지낸 김지(金墀)가 개발한 승자총통이 바로 그 주인공이었다.

승자총통

승자총통은 대표적인 토격형 개인화기였다. 이전 총통은 격목을 사용해 상황에 따라 발사체로 화살과 철환을 번갈아 사용했으나, 승자총통은 오로지 철환만을 발사하도록 고안된 토격형 화기였기 때문이다. 기록에 의하면, 승자총통은 한꺼번에 철환 15개를 발사할 수 있었고, 무엇보다도 이전의 총통에 비해 총신이 길어 사거리가 무려 600보에 달할 정도로 성능이 우수했다. 비록 화승식 점화장치에 상대적으로 무게가 가벼웠던 조총(鳥銃)에 비해 열등한 무기로 인식이 됐지만, 임진왜란 초기에 조선군이 사용한 개인화기의 주종은 바로 승자총통 계열이었다. 구경과 크기에 따라서 소·중·대 승자총통으로 발전했고, 이외에도 차승자 총통이나 별승자 총통 등이 개발되었다.

기병용 개인화기, 삼안총(三眼銃)

임진왜란 당시 조선군의 또 다른 중요한 개인화기로 삼안총을 꼽을 수 있다. 삼혈총(三穴銃)이라고도 불린 이 화기는 말 그대로 하나의 손잡이에 세 개의 총신 또는 총구멍이 결합한 모양새다. 17세기에 수석식(燧石式) 화기가 사용되기 이전까지 지화식(指火式) 화기의 최대 애로사항은 한 발을 사격하는 데 걸리는 시간이 너무 길다는 점이다. 즉 약실의 심지가 타들어가서 점화화약에 불이 붙는 시간, 한 발을 사격한 후 다시 장전하는 데 걸리는 시간이 너무 길어 적 기병대의 공격에 속수무책이었다. 따라서 여러 발을 동시에 또는 시차를 두고 사격할 수 있는 방법을 궁리했고, 이러한 요구에 부합한 것이 바로 삼안총이었다.

원래 삼안총은 임진왜란 도중에 중국으로부터 전래됐다.

삼안총

아마도 조선에 파병된 명나라 군대의 화기 중 하나였으리라 짐작된다. 당시 조선군은 왜군의 조총에 속수무책으로 당하고 있던 터라 당장 제작하기 어려운 조총 대신 위력은 뒤지지만 상대적으로 만들기 수월했던 삼안총을 주목하게 되었다. 『선조실록』을 비롯한 당대의 기록물에 간혹 삼안총을 언급하는 것이 이를 반증한다고 볼 수 있다. 현존하는 삼안총에 새겨진 명문을 통해서도 이것이 승자총통과 함께 임진왜란 중 사용된 조선군의 주력 개인화기였음을 알 수 있다.

또한 삼안총은 승자총통 등 당대의 다른 개인화기에 비해 가볍고 총신이 길지 않아(전장 약 40cm) 기병용 무기로 활용됐다. 마상에서는 한 발을 사격한 다음 재장전해 사격하기가 매우 어려웠기에 연속사격의 필요성이 절실했으며, 세 발을 연속해 쏠 수 있는 삼안총이야말로 제격이었던 것이다.

현대판 다연장 로켓포, 신기전과 화차

한국형 로켓무기 신기전, 하늘을 날다

인류는 지구 상에 살기 시작한 초기부터 어떠한 형태로든 무기를 갖고 다녔다. 사냥으로 배고픔을 해결하기 위해서였으며, 더 나아가 맹수나 적대적인 다른 인간의 위협에 대항해 목숨을 부지하기 위해서였다. 따라서 근력무기의 시대에는 신체적으로 크고 강건한 자가 어깨에 힘을 주고 다닐 수 있었다. 『삼국지』에 등장하는 수많은 장수가 하나같이 덩치가 크고 수십 합을 겨루어도 지치지 않는 강인한 체력의 소유자였던 것도 바로 근력시대였기에 가능한 일이었다. 바로 체격과 체력이 개인의 출세와 부귀까지 좌우하던 시대였던 것이다.

그러나 13~14세기부터 화약이 사용되면서 양상은 바뀌었다. 이제는 힘이나 체력보다 머리나 손재주가 중시되는 시대가 되었다. '어떻게 하면 화약의 폭발력을 가장 효율적으로 활용할 수 있을까?' '어떻게 하면 소량의 화약으로 보다 강한 폭발력을 얻을 수 있을까?' 하는 점이 관심사가 되었다. 그리하여 앞에서 살펴본 것처럼 다양한 화약무기가 개발되었다.

그런데 이러한 화약무기 중에서 무엇보다도 특이한 것은 스스로 날아가는 무기였다. 다른 화약무기는 화약의 힘으로 총신에서 분리된 총탄이나 석환 등이 날아간 데 비해, 이는 무기 자체가 이동해 목표물을 타격했던 것이다.

그 대표적인 것이 '신기전'이었다. 이는 발사 재현시범이 여러 번 매스컴을 통해 방영됐고 영화로도 제작되어서 대중에게 잘 알려졌다. 신기전은 조선의 화약무기 전성기였던 세종 대에 그 위력을 발휘했다. 1448년(세종 30)에 신기전이라는 용어가 처음 기록된 이래 발전을 거듭해 1474년에는 여러 종류의 신기전으로 세분화되어 목표물의 특성에 따라 선별적으로 사용되었다.

그렇다면 이러한 로켓형 화약무기는 세종 대에 처음 등장한 것일까? 그렇지 않다. 신기전의 원조격인 '주화(走火)'는 이미 고려 말 최무선에 의해 '화통도감'에서 만들어졌다. 긴 화살대의 전면에 매달린 화약통의 점화선에 불을 붙이면 화약이 타들어가면서 가스가 뒤로 분출되고 그 힘으로 화살이 날아가는데, 그 모습이 달려가는 모양을 닮았다고 해 '주화'라고 불렀다. 화약통은 종이를 여러 겹으로 말아서 만들었기에 통 내부의 화약가루에 불이 붙으면 여지없이 타들어 갔다.

이 놀라운 발명품은 1387년 화통도감이 문을 닫으면서 제대로 위력을 발휘하지도 못한 채 사장(死藏)되고 말았다. 그러다가 북방개척이라는 국가적 과제를 수행하기 위해 신무기 개발에 심혈을 기울이던 세종 대에 여진족 정벌 시 효과적인 무기로 주화가 주목을 받았다. 이때 모양은 기존의 주화와 유사하나 이를 보다 발전시켜서 그 명칭을 신기전으로 바꾸었다.

신기전에 관해 알 수 있는 유일한 기록물인 『국조오례의서례』의 「병기도설」에 의하면, 신기전은 네 종류—대신기전, 산화신기전, 중신기전, 소신기전—로 발전하였음을 알 수 있다. 근본적으로는 화살의 길이와 화살에 부착된 발화통의 크기가 종류를 나누는 가장 중요한 기준이었다.

대신기전은 말 그대로 신기전 중에서 가장 길었다. 발사체격인 대나무 화살의 길이가 무려 5.6m에 달했고, 무게도 최대 5.5kg에 육박했다. 이처럼 길고 무거운 화살을 날리려다

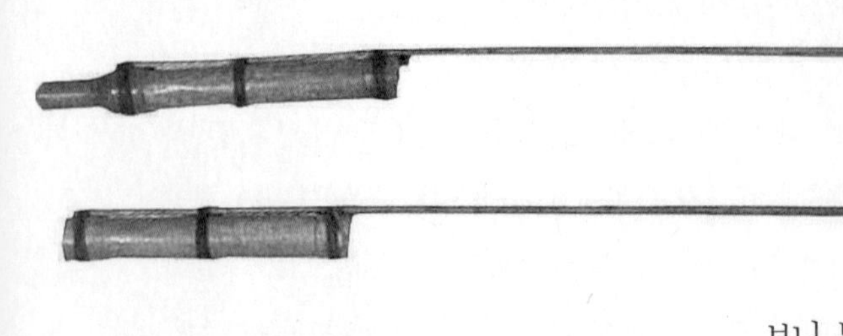

중신기전

소신기전

보니 부착된 화약통의 길이도 약 0.9m나 되었다.

추진체 역할을 하는 화약통은 탄두 부분에 발화통을 장착하고 양쪽에 조그만 구멍을 뚫어서 약선(藥線)으로 연결했다. 목표지점에 다다랐을 때 발화통을 자동으로 폭발시키기 위한 조치였다. 발화통 안에는 화약과 함께 쇳가루가 섞여 있어서 공중에서 발화통이 폭발했을 때 쇳가루가 사방으로 분산되는 파편 역할을 했다. 화약불의 열기로 한껏 달구어진 쇳가루가 적의 얼굴이나 몸에 박혔을 것으로 생각하면 신기전의 위력은 대단했으리라 짐작된다. 대신기전은 주로 강폭이 넓은 압록강 하구에서 강 건너편의 여진족 진영을 향해 발사했다. 사거리가 최대 2km에 달했기에 화살이 충분히 강을 건너 적진에 도달할 수 있었다.

'불을 흩어놓는 신기전'이라는 의미의 특이한 이름을 가진 산화신기전은 무게가 최대 5kg에 길이가 5.3m에 달했고, 추진체인 화약통의 길이는 약 0.7m였다. 대신기전과 제원이 비슷했으나 용도 면에서는 큰 차이가 있었다. 대신기전의 응용

대신기전

산화신기전

품에 해당하는 산화신기전은 약통 상단부에 발화통 대신 지화통과 소형 종이폭탄인 소발화통을 서로 묶어서 점화선으로 연결해 놓은 모양이었다. 따라서 신기전이 목표 지점에 도달하면 점화선에 불이 붙고 이것이 소발화통을 폭발시켰다. 바로 머리 위에서 소형 폭탄이 일시에 전율적인 소리를 내면서 폭발했기에 이러한 무기를 이전에 접해본 적이 없던 여진족 군사들은 혼비백산했다.

중신기전은 전체 길이가 약 1.4m에 0.2m 정도의 화약통을 달고 있었다. 몸체를 대나무로 만들고 끝에는 화살촉을 부착해 살상효과를 극대화했다. 화약통의 앞부분에 종이로 만든 작은 발화통을 장착해 목표물에 도달하면 발화통이 폭발하도록 설계되었다. 중신기전의 사거리는 최대 250m에 달했다. 통계가 있는 것은 아니지만, 각 신기전의 성능을 고려할 경우 아마도 중신기전이 조선시대에 가장 보편적으로 사용되었을 것으로 짐작된다.

마지막으로 길이 약 1m의 대나무 화살을 모체로 제작된 소신기전은 길이 1m에 화약통은 약 0.15m에 불과했다. 이렇게 소형이다 보니 화약통만 부착되었고 다른 신기전과는 달리 발화통이 장착되지 않아서 살상효과는 별로 없었다. 하지만 소형이었기에 상대적으로 기동성이 우수했고, 무엇보다도 150m 이내의 근거리 표적을 공격하기에는 제격이었다.

비록 조준사격은 불가능했으나 신기전은 삼중 효과를 갖고 있던 조선군의 필살기였다. 우선은 발사 시 연속적인 폭발음과 함께 뒤쪽으로 연기를 내뿜으면서 날아갔기에 적에게 공포심을 유발했고, 적군이 하늘을 쳐다보면서 탄성을 지르는 사이에 발화통에서 비산(飛散)된 쇳가루 파편으로 피해를 입히고, 마지막으로 끝에 달린 화살촉으로 적군에 치명상을 입혔다. 신기전은 사거리가 길었기에 간혹 신호용으로 활용되기도 했다. 무엇보다도 이러한 신기전이 한꺼번에 수십 발씩 집중적으로 발사되었기에 적군이 느꼈을 공포심은 충분히 가늠해 볼 수 있다.

신기전을 화차(火車)에 담아 다연장 로켓포로 삼다

그렇다면 신기전을 어떻게 날려 보냈을까? 길이가 5m 이상인 대신기전을 발사하기 위해서는 특별한 발사대가 필요했다. 북한의 미사일 문제가 터지면 함께 거론되는 것이 발사대임을 기억한다면 쉽게 이해할 수 있다. 신기전이야 말로 최초의 한국형 장거리 소형 미사일이었기 때문이다.

신기전과 불가분의 관계에 있던 장치가 바로 조선의 '화차'였다. 화차는 조선 초인 1409년에 최무선의 아들 최해산이 처음으로 제작에 성공한 후 세종 대의 보완기를 거쳐서 마침내 1451년(문종 1)에 발전된 형태로 개량됐다. 흔히 신기전을 장착한 발사대란 의미로 신기전기(神機箭機) 화차라고 불렀다. 문종 대의 화차는 주로 신기전을 발사하는 역할을 했기 때문이다. 신기전기에는 가로로 15개, 세로로 7개의 구멍이 있는데, 필요 시 여기에 최대 100발의 중신기전을 장착하고 한꺼번에 15발씩 발사했다.

왕세자 시절부터 화약무기에 깊은 관심을 보인 문종은 즉위 초부터 화차 개량이라는 업적을 남겼다. 이는 최해산이 육상용 경량 화차를 개발한 이래로 거의 반세기에 걸친 발전 과정을 통해 나온 무기과학 분야의 쾌거였다. 문종 대에 개량된 화차로는 신기전기 화차와 총통기 화차 두 종류가 있었다. 전자는 최대 중신기전 100발을 연속해서 발사할 수 있는 다연장 로켓발사기였고, 후자는 사전총통 50정을 장착해 최대 세전 200발을 발사할 수 있던 발사대였다. 화차 자체로는 정교한 나무틀에 불과했으나 이것이 화약무기와 결합하면서 엄청난 위력을 지닌 첨단무기로 변신한 것이다.

이후에도 여러 종류의 화차가 개발되었으나 문종 화차가 가장 독창적이었던 것으로 평가된다. 『국조오례의서례』의

「병기도설」에는 화차에 대해 상세하게 기록했다. 기록에 의하면 문종 화차는 지름 0.87m의 수레바퀴 2개, 그 위에 놓인 길이 2.3m 너비 0.74m의 차체, 그리고 수레 위에는 중신기전 100개를 장착한 신기전기가 있었다. 특히 높이 평가되는 장비는 바로 수레바퀴다. 화차의 수레바퀴는 차체를 바퀴 위에 올려놓은 모습인데, 이는 당대 조선의 보통 수레나 심지어는 중국의 화차와도 구별되는 우수한 과학적 원리를 반영

문종 화차

하고 있었기 때문이다. 신기전기는 발사각을 최대 40도까지 높일 수 있어 보다 긴 사거리를 얻을 수 있었다. 또한 화차는 그 활용 범위가 넓어서 훈련이 뜸한 휴식기에는 관청의 물건을 운반하는 수레 대용으로 쓰기도 했다.

기록에 의하면 1451년 한 해에만 약 7백 대의 화차가 제작되어 주로 북방 국경지대에 배치될 정도로 조선 왕실은 신무기 개발에 진력했다. 하지만 대부분 목재로 제작된 까닭에 현재 진품으로 남아 있는 것은 없다. 「병기도설」에 실린 설계도를 참조해서 복원된 화차가 육군박물관, 전쟁기념관, 그리고 행주산성 등 몇 군데에 전시되어 있을 뿐이다. 물론 화차에 소신기전 100발을 장착해 시험 발사한 경우도 있었다. 이에 대한 촬영 영상을 보면, 심지어 오늘날에도 등줄기가 서늘할 정도로 대단한 위력을 과시하고 있다. 그러니 500~600년 이전에야 오죽했을까. 아마도 당시 북방 여진족에게는 화차에서 연속적으로 날아오는 신기전이 귀신 잡는 기계가 토해 내는 화살이었을 것이다.

문종 대에 대폭적인 개량이 이루어진 화차는 이후에도 발전을 거듭했다. 문종 초기 화차는 수레바퀴 틀 위에 발사 틀을 올려놓은 것이 전부였기에 포수에 대한 방어수단이 전혀 없었고, 전체를 목재로 제작했기에 화공에 취약했다. 이러한 약점을 보완하려는 노력이 꾸준히 이루어져서 전자는 화차의 좌우에 방패막을 설치했으며, 후자는 목재 발사틀을 쇠판으로 감싸는 방식으로 해결했다.

화차가 실전에서 중요한 역할을 한 것은 임진왜란의 대표적 승전지 중 하나인 행주산성 전투였다. 전력 면에서 절대적 열세에 처해 있던 권율 장군은 전투 직전에 지원받은 화차 40량을 활용해 수적으로 우세했던 왜군에 대승을 거두었다. 이때 지원된 화차는 일명 '변이중 화차'로 기존 화차를 변이중이란 인물이 개량한 것이었다. 변이중 화차는 발사 틀의 네 면에 모두 방호벽을 설치했고, 무엇보다도 방호벽마다 1개의 관측구멍을 뚫어서 방호벽 뒤에 있는 포수가 전방을 관측할 수 있도록 만들었다. 그리고 발사틀에는 정면과 좌우 측면을 향해서 총 40정의 총통을 장착했다. 이후에도 화차는 지속적으로 개량됐는데, 순조 대인 19세기 초에 발간된 『융원필비』에는 당시 훈련대장 박종경의 주도로 제작된 화차의 그림과 설계도가 소개되어 있다.

신구(新舊) 무기의 멋진 앙상블, 완구와 비격진천뢰

화포의 대명사, 완구(碗口)

우리의 부끄러운 역사 중 하나가 바로 병자호란 시 삼전도에서 인조가 청 태종에게 무릎을 꿇고 항복한 일일 것이다.

당시 조선은 천혜의 요새였던 남한산성에서 결사 항전했지만, 청군은 수십 마리의 황소를 동원한 엄청난 크기의 화포인 홍이포(紅夷砲)로 성벽을 무너뜨렸고 임금이 수모를 당하는 사태로 이어졌다. 예기치 못한 파국을 몰고 온 아킬레스건은 바로 대포의 엄청난 위력이었다.

최무선에 의해 화약의 자체 생산이 가능해 지면서 화약무

명나라 때 네덜란드의 대포를
모방해 만든 중국식 대포인 홍이포

기는 빠르게 발전했다. 이 중에는 앞에
서 고찰한 바 있는 개인화기도 있으나 무엇보다
도 중요한 것은 대표적인 공성용 및 해전용 무기인 화
포였다. 적군이 성 안에서 웅거하면서 버티고 있을 때 성을 점령하기 위해 가장 필요한 것은 성문이나 성벽의 약한 부분을 파괴하는 것이었는데, 이때 실력을 발휘한 무기가 바로 공성용 화포였다. 다양한 형태의 화포들이 제작됐으나 우리나라는 대부분 해군 함선 전투용으로 활용됐으며, 해전 시 함선에 장착된 대포를 발사해 적 함선에 구멍을 내어 격침시켰다. 간혹 운이 좋으면 적군 함선 갑판의 마스트를 두 동강 내기도 했다.

임진왜란에서 이순신 장군이 거둔 해전 승리의 이면에는 왜군보다 우수했던 조선군의 화포가 있었다. 두꺼운 나무판자로 건조된 조선의 판옥선은 넓은 갑판과 견고한 몸통을 갖고 있었다. 덕분에 화포 발사 시 발생하는 반동을 충분히 이겨낼 수 있었다. 바로 이순신 장군은 함선에 장착된 각종 화포를 십분 활용해 왜군의 코를 납작하게 만들었던 것이다.

그렇다면 육지는 어땠을까? 임진왜란은 물론 조선 후기까지 육상에서 사용된 대표적인 공성용 화포는 '완구'였다. 이는 손으로 심지에 점화해 발사하는 청동제의 유통식(有筒式) 화기로 주둥이가 밥그릇 모양을 닮았다고 해서 완구라고 불렸다. 완구는 포강이 없고 약실과 커다란 주둥이만 있기 때문에 크고 무거운 포탄을 성 내부로 날려 보내기 적합했다. 따라서 고려 말부터 조선시대까지 공성용 화포로 발전했으며, 1407년(태종 7)에 제작된 이후 세종 초기인 1422년에 이르러서 전국적으로 보급되었다.

조선 후기 이전에 완구는 주로 청동으로 주조되었다. 물론 무쇠로 완구를 만들면 단단해 많은 양의 화약을 넣을 수 있어 사거리를 늘릴 수 있었지만, 철 대포를 주조하는 기술이 미흡했기 때문에 조선 후기에 이르러서야 철 완구를 제작할 수 있

완구

었다.

완구에 대해서는 조선시대에 발간된 여러 책에서 언급되었다. 조선 후기에 발간된 『융원필비』에 의하면, 완구는 크기에 따라서 별대완구, 대완구, 중완구, 소완구, 소소완구로 구분되었다. 소완구와 소소완구는 너무 소형인지라 공성이라는 목적에 제대로 부합되지 못했기에 곧 사라졌다. 아마도 공성전에 가장 일반적으로 사용된 것은 대완구였을 것이다. 두세 명이 함께 들어 옮길 정도의 무게에, 위력도 만만치 않았기 때문이다. 대완구는 전체 길이가 65.1cm에 구경은 27.5cm로 사거리는 포환의 종류에 따라 차이가 있으나 대체로 400~500m에 달했다. 따라서 공성군은 적군의 화살 사거리가 도달하지 못하는 지점에서 농성 중인 적 진영에 포격을 가할 수 있었다. 완구를 발사할 때에는 약실에 35냥(대완구의 경우) 정도의 화약을 넣고 불심지로 점화했다.

그렇다면 완구로 무엇을 날려 보내었을까? 가장 많이 사용된 것은

대완구

돌을 다듬어 만든 단석(團石)이었다. 단석은 무쇠 정으로 화강암 표면을 쪼아서 둥글게 만든 다음, 이를 물기 있는 모래로 장시간 문질러 매끈하게 다듬은 돌덩어리였다. 돌인지라 상대적으로 무게가 가벼워서 멀리 날려 보낼 수는 있었지만, 목표물에 맞았을 때 철환에 비해 충격이 적었고, 무엇보다 화약이 폭발할 때 포구 안에서 부서질 염려가 있었다. 이러한 문제에도 비용이 저렴하고 제작이 쉽다는 장점으로 단석은 조선 후기까지 완구의 발사체로 사용됐다.

단석 이외에 철환도 발사체로 드물게 사용됐다. 철환은 강도가 높아서 목표물에 대한 충격이 단석에 비해 월등히 높았다. 하지만 무게가 무거워 상대적으로 사거리가 떨어졌고, 쇠의 강도가 높아서 크기를 포구 구경에 알맞게 다듬기 어려웠다. 무게 때문에 포강을 심하게 마모시키는 문제도 있었다. 물론 이러한 단점을 해소하기 위해 철환의 표면을 납으로 감싼 수철연의환이 사용되었으나 제작이 어렵고 비싼 제작비로 인해 널리 사용하지 못했다.

천둥 치는 포탄, 비격진천뢰(飛擊震天雷)

완구의 성능과 관련해 무엇보다도 문제가 된 것은 포환의 효용성이 낮다는 점이었다. 다시 말해, 단석이든 철환이든 단

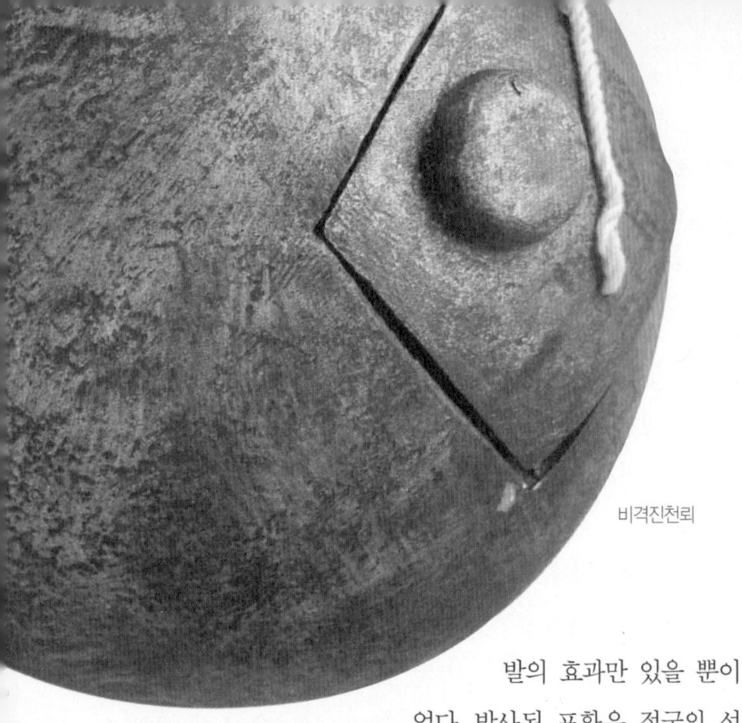
비격진천뢰

발의 효과만 있을 뿐이었다. 발사된 포환은 적군의 성벽이나 성 안으로 떨어져 파괴 효과를 내기는 했으나 그것이 미치는 영향은 제한적이었다. 따라서 공성포의 효과를 최대한 높이려는 시도가 있었고, 그 결과 등장한 것이 바로 철제 포환인 '비격진천뢰'였다.

비격진천뢰는 임진왜란 시기인 1592년(선조 25)에 화포장 이장손이 발명한 조선의 신무기였다. 비격진천뢰란 이름은 이 포탄이 날아가서 천둥과 같은 굉음을 내며 폭발하고 폭발과 동시에 수많은 금속 파편을 비산(飛散)시키는 무기라는 의미에서 붙여졌다. 우리나라 전통 화기 중 유일하게 목표물을 타격한 후 일정 시간이 지난 후 폭발하는 시한형 작열탄이다. 물론 비격진천뢰가 전혀 새로운 것은 아니었다. 송나라와 금나라에서 진천뢰(震天雷)라는 폭발물을 발사한 기록이 있고, 조선에서도 이를 사용한 바 있었다. 하지만 이는 모두 화포를 이용해 발사하는 포탄이 아니라 사람이 손으로 투척하는 수류탄의 일종이었다.

비격진천뢰에 대한 기록은 『조선왕조실록』과 『화포식언해』 등 여러 책에서 어렵지 않게 접할 수 있다. 유성룡이 쓴 『징비록』에는 임진왜란 시 최초로 비격진천뢰를 사용한 경주성 전투에 관한 기록이 있다. 기록에 의하면, 1592년 9월 왜군에 빼앗긴 경주성을 탈환하기 위해 이장손이 만든 비격진천뢰를 경주성 안으로 발사했다고 한다. 강력한 작열포탄을 처음 접한 왜군은 크게 당황해 경주성을 버리고 도주했다. 이 신무기는 같은 해 10월에 벌어진 진주성 전투와 1593년 2월에 벌어진 행주산성 전투에서도 사용되어 왜군 격퇴에 크게

비격진천뢰의 구조

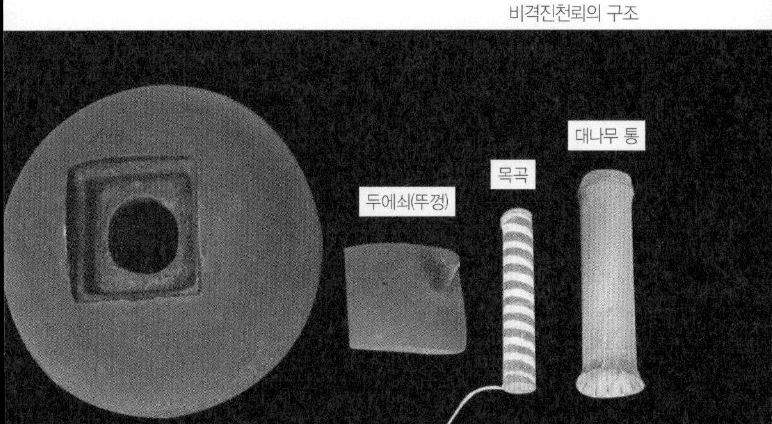

기여했다. 이러한 활약 덕분에 유성룡은 비격진천뢰를 수천 명의 군대 병력에 버금가는 대단한 무기로 평가했다. 물론 비격진천뢰의 살상력은 오늘날 포탄에 비하면 극히 제한적이지만, 폭발 시 울려 퍼지는 굉음과 사방으로 퍼져 나가는 철편으로 적군에게 엄청난 위협을 주었다.

비격진천뢰는 어떻게 멀리까지 날아간 다음에 자체적으로 폭발할 수 있었을까? 이를 위해서는 비격진천뢰의 모양에 대해 살펴볼 필요가 있다. 비격진천뢰는 지름 21㎝에 무게가 약 22~23kg으로 원형 모양이고, 중앙부에 크고 깊은 구멍이 있다. 구멍에는 화약, 철 조각, 그리고 포탄의 신관 역할을 하는 대나무 통이 들어 있었다. 여기서 가장 중요하고 독창적인 장치는 대나무 통이다. 통 안에는 나선형의 홈에 점화용 화약선이 감겨 있는 목곡(木谷)이 있는데, 바로 이것으로 폭발시간을 조절했다. 즉, 목곡에 화약선을 몇 번 감았는가에 따라서 폭발시간에 차이가 났던 것이다. 통상적으로 빠른 폭발에는 10번을, 느린 폭발에는 15번을 감은 것으로 알려졌다.

화기에 투영된 '세계화'의 흔적, 조총과 불랑기포

세계화의 첨병, 무기

1592년 4월 14일, 왜군 선발대가 부산진성 앞에 모습을 드러냈다. 도요토미 히데요시가 야심 차게 추진한 조선 정복의 서막이 열린 것이다. 부산진 첨사 정발은 왜군의 공격에 대항했으나 반나절도 채 되지 않아서 부산진성은 함락되고 말았다. 이후 조선군은 변변한 저항도 못한 채 보름도 지나지 않아 수도 한양을 내주고 말았다. 경상도와 전라도 지방에서 의병이 일어나 왜군의 배후를 공격했지만 이것만으로 전세를 만회할 수는 없었다.

어떻게 이런 일이 벌어졌을까? 왜군은 신무기였던 조총을 이용해 조선군 무기체계의 중심에 있던 활을 무력화시켰다. 칼로만 싸우던 왜군이 이제는 조총이라는 장병기마저 갖추었던 것이다. 물론 당시 조선군의 무기체계가 전적으로 열세였던 것만은 아니었다. 화포 분야에서는 왜군의 무기체계를 압도하고 있었다. 조선군의 화포 중에서 특히 두드러진 것은 일종의 후장식 대포였던 불랑기포(佛狼機砲)였다. 미리 장전된 여러 개의 자포(子砲)를 이용해 연속적으로 사격할 수 있었다.

그렇다면 조총과 불랑기포의 공통점은 무엇일까? 모두 유럽에서 전래하였다는 점이다. 화약무기는 15세기 말을 기점으로 서양이 동양을 앞서기 시작했다. 서양에서 제작된 신무기들이 유럽 상인의 손을 거쳐서 동아시아로 전파됐고, 이것이 16~17세기 동북아시아에서 벌어진 전쟁에 중요한 역할을 했던 것이다. 바야흐로 '무기의 세계화'가 그 속살을 드러내기 시작한 것이었다.

나는 새도 맞히는 총, 조총

최초로 화약을 발명한 것은 중국이었으나 이를 무기화한 것은 서양이었다. 16세기 초반부터 유럽에서는 화약의 힘으로 탄환을 날려 보내는 소총을 사용했다. 화승(火繩)이라 불린 긴 심지를 이용해 약실에 불을 붙였기에 일반적으로 '화승총'으로 통칭된 개인화기였다. 이것이 등장하면서 유럽의 전장에는 근본적인 변화가 일어났다. 과거 근력무기 시대에는 칼이나 창을 잘 다루는 자나 마상훈련을 받은 자, 좀 더 직접적으로는 덩치가 크고 힘 있는 자가 전장을 지배했다. 하지만 화승총이 등장하면서 한낱 보잘것없는 시골 청년이라도 간단한 조작법과 훈련을 통해 단기간 안에 훌륭한 전사로 거듭날 수 있었다.

유럽인들 간의 싸움에 사용된 소총은 어떻게 동아시아에 전해진 것일까? 그 해답은 최초의 세계화 과정이라고 할 수 있는 '유럽의 팽창'이라는 역사적 사건에 담겨 있다. 1450년 이래 유럽인들은 경쟁적으로 인도로 가는 뱃길을 찾으려는 모험에 뛰어들었다. 그리고 이러한 경쟁의 선두에 있던 국가가 바로 포르투갈이었다. '항해왕' 엔리케가 시작한 선구자적인 해외항로 개척 사업을 지속한 포르투갈은 1487년에 아프리카의 남단 희망봉을 돌았고, 이후 1497년에 그토록 염원하던 인도에 도착할 수 있었다.

인도의 고아에 교두보를 확보한 포르투갈은 이후 동남아 지역의 향신료 무역을 장악하고 점차 그 영역을 중국으로 넓히고 있었다. 그러던 1543년 어느 날, 중국 남쪽의 광둥성을 떠나서 양자강 하류의 영파(寧波)로 향하던 한 선박이 태풍에 길을 잃고 일본 열도 서남단의 다네가섬(일명 종자도)에 상륙하는 사건이 벌어졌다. 이때 배에 타고 있던 한 포르투갈 상인이 화승총 사격을 선보였고, 그 위력에 깜짝 놀란 섬의 도주(島主)는 거금을 주고 이를 구입했다. 서양 상인이 새를 겨냥해 떨어뜨리는 것을 본 도주는 이를 '나는 새도 능히 맞힐 수 있는 총'이라고 칭송했고, 여기에서 '조총'이라는 명칭

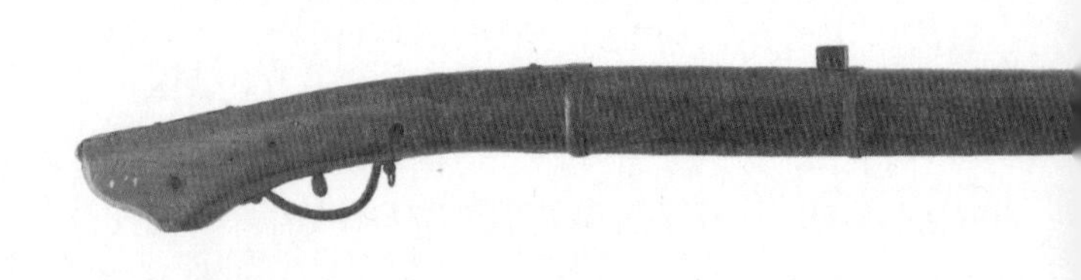

이 유래된 것으로 알려졌다.

거액을 주고 조총을 구입한 도주는 즉시 휘하의 장인에게 제작을 명했다. 당시 일본은 전국의 다이묘들이 서로 다투던 약육강식의 시대로 우수한 성능의 무기가 절실하게 필요했다. 새로운 무기의 생산은 결코 쉬운 일이 아니었으나 줄기찬 노력과 포르투갈 상인의 조언을 바탕으로 마침내 일본은 1540년대 중반에 일명 '종자도총'이라는 일본식 조총을 제작하는 데 성공했다. 때마침 종자도총은 일본 전국 통일의 유력한 후보자로 거론되던 오다 노부나가의 눈에 띄었고, 그에

의해 본격적인 개량·생산이 이루어져 곧바로 실전에 배치되었다. 더불어 전술도 변해 조총병을 창병, 기병과 혼용하는 방식으로 병력을 운용했다. 이보다 조금 이른 시기에 스페인군이 창안한 '테르시오 전술'과 유사한 형태였다.

이처럼 실전을 통해 지속적으로 개량된 조총으로 무장한 왜군에게 조선군은 속수무책으로 당할 수밖에 없었다. 왜군 격퇴의 마지막 희망이었던 신립 장군마저 탄금대 전투에서

조총

대패하고 말았다. 패배의 주 요인도 바로 조총의 위력을 무시한 신립과 조선군의 무지였다. 왜군도 장병기를 갖추었다는 사실을 과소평가했던 것이다.

이는 조선군의 자만심에서 초래된 것이었다. 조선군은 자국의 무기체계가 명나라에 버금갈 정도로 우수하다는 착각과 오만에 빠져 있었다. 임진왜란 직전 대마도주가 조정에 진상한 일본의 조총을 얕잡아보고 이를 무기고에 넣어둔 사례가 이러한 태도를 대변한다. 하지만 조선군의 환상은 임진왜란의 발발과 더불어 여지없이 깨지고 말았다. 소형화기에 속

하는 총통은 조총에 비해 한 세대 이상이나 낙후되어 있었다. 조선의 화기가 화약선에 손으로 직접 불을 댕기는 지화식이었던 데 비해, 왜군의 조총은 정교한 격발장치가 구비되어 방아쇠를 당기면 용두에 끼워져 있는 화승이 약실의 화약에 불을 댕겨서 탄환이 발사되는 화승식 소총이었기 때문이다.

왜군 조총의 위력에 놀란 조선군은 서둘러 조총 제작에 착수했고, 왜군으로부터 노획한 조총을 분해해 구조를 익혔다. 그러나 오늘날처럼 과학적 분석에 바탕을 둔 것이 아니라 일종의 '시행착오를 통한 개량'이었기에 만만치가 않았다. 기술과 재료상의 문제로 인해 어려움에 봉착하기도 했으나 마침내 임진왜란 이듬해인 1593년 가을에 조선식 조총 제작에 성공했다. 여기에는 고려 말부터 이어온 화포 제조 경험이 도움되었다.

임진왜란 중 조선에서 얼마나 많은 수의 조총이 생산되었는지는 알 수 없다. 하지만 1593년 말 이후부터 전쟁에서 조선군이 우세를 점하기 시작한 사실로 미루어 보아 상당수의 조총을 제작해 실전에서 활용된 것으로 짐작된다. 조선에서 조총이 본격적으로 생산되기 시작한 것은 임진왜란이 끝난 뒤였다. 대전란을 경험한 조선 조정에서는 1614년에 '화기도감(火器都監)'이라는 전담부서를 설치해 무기개발 및 생산에 박차를 가했다. 같은 해 청(淸)과 싸우고 있던 명(明)을 지원하기 위해서 출병했던 강홍립의 조선군 중 절반에 달하는 5,000여 명이 조총으로 무장하고 있었다는 기록은 당시 조선의 조총 생산능력이 만만치 않았음을 엿보게 한다.

애석하게도 그 이후로 조총 개량은 이루어지지 않았다. 비록 숙종 대에 사거리가 1,000보에 이른다는 천보총이 등장했지만, 조선의 개인화기는 여전히 화승총 수준에서 머물고 있었다. 1658년에 조선군이 러시아군과 접전을 벌인 나선정벌에서 러시아군의 수석식 소총(flintlock)을 입수하는 데 성공했으나 이는 곧 사장(死藏)되고 말았다. 19세기 중엽에 벌어진 병인양요와 신미양요 때에 이르러서야 우리 소총의 심각한 낙후 정도가 드러났으나 이미 활시위는 당겨진 뒤였다.

최초의 후장식 화포, 불랑기포

임진왜란 중 도입해 전란 극복에 일익을 담당한 또 다른 신무기로 불랑기포를 꼽을 수 있다. 유럽에서 처음 선보인 고성능 화포인 불랑기포가 조선에 모습을 드러낸 것은 1593년 1월에 벌어진 평양성 탈환 전투에서였다. 조선군과 함께 평양성 공격에 나선 명나라 군대가 불랑기포, 호준포 등 당시 신무기급에 속하는 화포들을 동원해 평양성을 공격하자 왜군은 성을 버리고 남쪽으로 퇴각했다. 평양성 탈환 전투의 승전 보고에서 불랑기포의 위력이 조정에 알려졌고, 곧 왕명에 의해 조선에서도 이를 제조해 지상군은 물론이고 거북선을 비롯한 수군에도 배치하였다.

그렇다면 왜 이 포는 '불랑기'라는 특이한 명칭을 갖게 된 것일까? 원래 불랑기(佛狼機)라는 명칭은 프랑크(Frank)라는 영어식 발음에서 유래되었다. 16세기 초, 중국인들은 중국 남부지역에 나타난 포르투갈 상인들을 불랑기라고 불렀고 자연스럽게 이들이 전해 준 화포도 같은 명칭을 갖게 되었다. 1520년경에 불랑기포 입수에 성공한 명나라는 성능의 우수성을 깨닫고 이를 개량해 불과 10년 만에 5,000여 문에 달하는 소형·중형 불랑기포를 생산할 수 있었다.

불랑기포는 15세기 말 이후 약 1세기 동안 유럽에서 인기를 끌었던 일종의 후장식 화포였다. 전장식 화포가 주류를 이루었던 시기에 웬 후장식 화포란 말인가? 기본적으로 불랑기포는 모포(母砲)와 자포(子砲)로 구분되어 있다. 우선 자포에 화약과 탄환을 장전한 다음 이를 모포의 몸통에 뚫어 놓은 약실에 장착 및 점화해서 발사하는 형태였다. 당대의 다른 화포들에 비해 화약의 소모량도 적었던 반면에 그 성능과 사거리가 길었기에 곧 바로 수용하여 적극적으로 개발되기 시작했다. 조선에서는 임진왜란 중에는 물론이고 무엇보다도 이후에 설치된 화기도감에서 주도적으로 제조되었다. 『화기도감의궤』에 기술된 불랑기포의 제원과 제작과정을 통해 당시 이 신형 포에 대한 조정(朝政)의 높은 관심을 엿볼 수 있다.

임진왜란 당시 조선군의 화포는 그 성능이 나쁘지 않았는데, 왜 불랑기포를 주목했을까? 당시 조선군의 화포는 연속사격이 불가능하고 너무 무거웠다. 바로 이 점을 불랑기포가 해결해 주었던 것이다. 불랑기포의 장점은 후장식포라는 점이었다. 모(母)포로 불리는 포신과, 포탄과 화약을 장전하는 자(子)포로 분리된 불랑기포의 구조가 이를 가능하게 해주었다. 이미 화약과 포탄을 장전해 놓은 자포를 모포의 뒤쪽에 파놓은 자포실에 끼워서 발사했다. 이때 모포 1문에 5~9개의 자포를 할당했는데, 미리 장전된 자포를 번갈아 갈아 끼움으로써 연속사격도 가능

불량기포(모포와 자포)

했다. 또 하나의 장점은 무게가 가벼워서 조작이 용이하다는 점이었다. 포를 활차에 올려놓고 사격했기에 좌우로 조정하기도 수월했다. 이처럼 불랑기포는 당대 조선의 화포에 비해 한 단계 높은 성능을 갖고 있던 신식 화포로 특히 임진왜란 때 육전과 해전에서 활용되어 전쟁을 승리로 이끄는 데 공헌했다.

전통 신호체계와 수단, 봉수·깃발·악기

전장의 숨겨진 소프트웨어, 신호체계

〈이글아이〉라는 영화를 보면 미국 정보기관이 지구 상에서 일어나는 모든 움직임을 감시할 수 있는 초대형 인공지능 컴퓨터를 개발했는데, 그 이름이 바로 '이글아이'였다. 이는 GPS 기능을 고도화시킨 장비다. 이 장비를 이용하면 요주의 인물이 세계 어느 곳에 있든지 실시간대로 추적할 수 있고, 심지어 그의 행동을 통제할 수도 있다. 지구 저 멀리 떠 있는 인공위성에 필요한 신호를 보내면 인공위성이 작동해 원하는 인물의 현재 정보를 대형 화면에 띄워 준다. 지상과 인공위성, 그리고 수배자를 연결하는 공통분모는 바로 '신호'였다.

이처럼 신호는 작고 사소하지만 우리 몸의 실핏줄처럼 시스템 전체에 생명을 불어넣는 매우 중요한 요소다. 인간집단이라는 유기체 간의 생존경쟁인 전쟁에서도 마찬가지다. 아무리 좋은 무기와 강한 훈련으로 단련된 병력을 보유하더라도 이들이 가장 효율적으로 움직일 수 있도록 상부에서 작전명령이 하달되고, 하부조직에서는 적시에 복명(復命)이 이루어져야 승리할 수 있다.

그렇다면 이러한 명령은 어떻게 전달되었을까? 물론 병력의 규모가 많지 않고 근거리에 있다면, 육성을 통해서 의사전달이 가능하다. 하지만 부대의 규모가 크고 화약무기가 사용된 이후로 전장에서 소음이 커지면서 육성으로 명령을 하달하는 행위는 거의 불가능했다.

바로 이러한 문제점을 해결한 것이 봉수(烽燧), 깃발, 그리고 악기 같은 신호용 도구였다. 봉수는 변경지역에서 적의 침략을 신속하게 중앙 정부에 알리는 중요한 수단이었고, 깃발과 악기는 전장이라는 현장에서 시청각을 이용해 지휘관의 명령을 하달하고 부대를 통제하는 중요한 방법이었다.

중앙과 지방의 소통 수단, 봉수

전신기가 등장하기 이전 시대에 대표적인 원거리 통신수단은 '봉수'였다. 봉수는 말 그대로 '봉(烽, 횃불)'과 '수(燧, 연기)'로 이루어져 있다. 봉이 야간에 횃불을 이용해 정보를 전달한 반면, 수는 대낮에 연기를 올려서 의사를 보내는 방식이었다. 일반적으로 봉수는 수십 리의 거리를 두고 시야가 확보된 산 정상에 봉수대를 설치해 신호를 보내는 시스템이다. 비가 오거나 구름이 껴 봉수가 작동할 수 없으면 봉수지기가 직접 달려가서 정보를 전하는 보완체제도 갖추고 있었다.

물론 봉수만이 유일한 통신수단은 아니었다. 봉수 이외에도 변경과 중앙 간에 긴밀하고 신속하게 연락하기 위해서 말을 이용한 파발제도가 있었고, 왕명을 수행하는 관리들의 편의를 위한 우역제도도 있었으며, 좀 더 원시적으로는 비둘기 같은

남산(목멱산) 봉수대

새를 이용한 통신 방법도 유지되었다. 물론 이러한 통신수단은 정확한 정보전달에 유리했으나 봉수에 비해 전달속도가 느리고 간혹 배달 과정 중 사고가 일어나 전달조차 되지 못하는 경우가 있었다. 근대식 전기통신이 등장하기 이전에는 원거리 연락방법으로 봉수를 대체할 만한 시스템을 찾기가 어려웠다.

우리 역사에서 봉수의 기원은 삼국시대까지 거슬러 올라갈 수 있으나 시스템으로 제도화된 것은 고려시대 중엽이었다. 이때의 제도를 바탕으로 조선 세종 초반(1419년)에 5개의 횃불을 사용하는 봉수제도가 마련되어 조선의 대표적인 원거리 통신수단으로 뿌리를 내리게 되었다. 이후 임진왜란과 병자호란 같은 외세의 침략을 겪으면서도 봉수제도는 명맥을 이어왔으나 1885년에 근대적인 전기통신이 도입되면서 역사의 뒤안길로 사라졌다.

세종 대에 확립된 조선의 봉수제도는 당대의 관점에서 볼 때 세계사적으로도 매우 앞선 제도였다. 이 제도는 5단위 봉수 부호체계가 핵심 코드로, 전국적으로 5개 방향의 광역 노선망을 갖추고 있었다. 당시의 봉수제 관련 규정에 의하면, 아무런 일이 없을 때 올리는 1거(炬)로부터 적군과 접전 시에 올리는 5거까지 5단계의 거화법이 있었고, 이와 더불어 봉수대의 정비 및 관리를 담당한 봉수군의 근무태세 확립에 관한 규정이 첨가되었다. 평소에 봉수가 실제로 작동될 수 있도록 봉수군의 사기진작 및 근무 자세 확립을 위한 조치는 지속적으로 추진되었다.

봉수는 봉수대(=연대, 煙臺)가 설치된 지역을 기준으로 경(京)봉수, 연변(沿邊)봉수, 그리고 내지(內地)봉수 등 세 종류로 구분되었다. 우선, 경봉수는 봉수제도의 핵심을 이루는 중앙봉수로 목멱산(서울 남산) 정상에 설치되었다. 전국에서 보내온 모든 봉수 정보가 최종적으로 이곳으로 수렴되었다. 연변봉수는 주로 북방국경 지대나 남해안의 해안가에 설치되어 기점 구실을 했다. 그러다 보니 성격상 국경 초소 및 최전방 수비대의 역할을 겸하게 되었다. 내지봉수는 서울의 경봉수와 중요 국경 요충지에 위치한 연변봉수를 연결하는 중간봉의 역할을 했다. 전국적으로 직봉(直烽)과 간봉(間烽)을 합해 총 523개의 봉수가 5개 방면의 직봉노선을 기본축으로 내지봉수를 서로 연결해 일종의 전국 무선통신망을 구성했다. 전국적으로 구축된 5개의 직봉로는 다음과 같다.

① 제1로 : 함경도 경흥→강원→경기→서울

② 제2로 : 경상도 동래→경북→충북→경기→서울

③ 제3로 : 평안도 압록강 중류→평안도→황해도→경기도 내륙→서울

④ 제4로 : 평안도 의주→서해안→서울

⑤ 제5로 : 전남 순천 돌산도→전남·전북→충청도 및 경기도 내륙→서울

한반도의 각 끝단에 설치된 기점 봉수대로부터 한양의 목멱산까지 봉수가 도달하는 데는 약 9~12시간이 소요되었다. 오늘날 기준으로 보면 긴 시간이지만 당대에는 가장 빠르고 효과적인 정보전달 수단이었다.

오늘날 봉수대는 생명을 다한 유적으로만 남아 있다. 하지만 우리는 여기에서 그 옛날 긴박한 상황 속에서 적군의 침입을 중앙에 알리려고 노심초사했던 봉수군의 숨소리와 애국심을 읽어낼 수 있다. 오늘날 우리나라가 세계적인 정보통신 강국으로 자리매김한 이면에는 바로 이러한 선조들의 지혜가 녹아 있었던 것이다.

전장의 소통 수단, 깃발

봉수가 대표적인 원거리 통신망이었다면, 이에 필적할 만한 근거리 통신수단으로 깃발과 악기를 꼽을 수 있다. 예로부터 깃발은 각종 군대 행사에서 위엄과 격식을 나타내기 위해서 사용했다. 정조의 「화성능행도」에 등장하는 각종 깃발,

로마군 진군 시에 볼 수 있는 각종 부대기, 그리고 나치 군대의 깃발 행렬 등에서 볼 수 있듯이 우리에게 친밀한 신호수단은 바로 깃발이 아닌가 싶다. 깃발은 그 목적에 따라 여러 유형이 있으나 여기에서는 위험을 경고하거나 명령을 전달하는 용도로 사용된 신호기에 대해 살펴보려고 한다.

치열한 전투가 벌어지는 전장은 함성과 고함, 각종 무기가 부딪치는 소리 등으로 엄청난 소음이 발생하며, 이러한 상황에서 장수가 육성으로 부하들에게 명령을 내리기란 거의 불가능하다. 이를 위해 개발된 것이 바로 시각 및 청각 신호체계였고, 전자의 대표적 수단이 바로

화성능행도華城陵幸圖

교룡기

깃발이었다. 깃발은 옛날부터 장수가 평소에 부대를 훈련시키거나 전장에서 작전을 수행할 때 명령전달 수단으로 활용했다. 더욱이 우리나라는 전통적으로 다양한 종류의 군사용 깃발을 사용했는데, 이에 관한 내용이 『병학지남』(1787)에 자세히 기록되어 있다.

이 책에서 깃발은 색깔로, 북은 소리로 신호하는 것이라고 정의하고 있다. 따라서 모든 장졸이 귀로는 징과 북소리만 듣고 눈으로는 깃발의 방향과 색깔만을 바라봐야 한다고 강조하고 있다. 전장에서 육성의 한계를 진작부터 인정하고 있었다는 증거다. 이러한 신호체계는 이미 삼국시대부터 사용되었으나 나름대로 체계가 잡힌 것은 조선시대였으며 임진왜란을 전후로 약간의 차이를 보이고 있다.

우선 조선 전기의 신호체계는 문종 대에 편찬된 『오위진법』과 성종 대에 편찬된 『국조오례의』에 정리되었다. 당시에 군대의 깃발, 즉 군기는 해당 부대 지휘관의 소속 및 직위를 표시하거나 예하 지휘관들을 집합시켜서 명령을 내리거나 복명 시에 사용했다. 각급 장수들을 표시하면서 상급부대의 명령을 수령할 시 사용한 깃발로 '표기(標旗)'가 있었다. 여기에는 군대의 최고위 직책인 총사령관을 나타내는 교룡기에서부터 대장기, 위장기, 부장기, 영장기 등 총 9가지 형태가 있었다. 표기가 상부의 명을 받을 때 사용한 깃발인 데 비해, 반대로 휘하 장수에게 명령을 내릴 때 사용한 군기로 '영하기(令下旗)'가 있었다. 특히 총사령관이 사용한 영하기는 예하부대에 진(陣)의 형태를 하달할 때 주로 이용됐다.

이처럼 깃발로 사령관이 명령을 내리면 휘하 지휘관들은 즉각 응수해 명령이 제대로 전달되었음을 알렸다. 예를 들어, 상관이 영하기를 들었다가 놓으면 휘하 부대장도 자신의 깃발을 들었다 놓음으로써 명령이 수령되었음을 표시했다. 또한 사령관의 깃발

호기(虎旗, 영문 밖에 세우는 깃발)

이 가리키는 방향으로 부대를 전진시키고 깃발을 세우면 병력을 일으켜 세우고 눕히면 그 자리에 앉았다. 이처럼 상부에서는 육안으로 식별 가능한 거리 안에서 표기와 영하기를 교대로 사용하면서 예하부대에 필요한 명령을 하달했다. 이외에도 휘하 지휘관들을 본진(本陣)으로 소집할 때 사용한 초요기, 매복병에게 명령을 하달할 때 사용한 대사기, 그리고 선두의 기병정찰대에게 명령을 전달할 때 사용한 후기기 등이 있어서 상황에 따라 그에 맞은 깃발을 사용했다.

임진왜란 이후 조선의 기존 신호체계가 변화되기 시작해서 영조 대에 체계화되었다. 이 시기에 간행된 『속병장도설』(1749)이나 앞에서 언급한 『병학지남』에 새로 정립된 신호체계에 관한 내용이 수록되어 있다. 이 시기에 사용된 대표적인 군기로는 인기(認旗), 오방기(五方旗), 그리고 영기(令旗) 등이 있다. 인기는 한 부대의 지휘관에서부터 말단 병졸에 이르기까지 계급과 소속을 표시하기 위해서 지니는 깃발이었다. 계급에 따라서 별도의 병사가 들고 다니거나 자신의 단창이나 투구에 오방색으로 색별되는 작은 깃발을 매달아서 자신의 소속부대를 표시했는데, 이는 군복 어깨에 부착하는 부대 마크와 비슷한 역할이었다.

오방기는 군영의 네 문에 문기(門旗)와 함께 내건 대오방기(용이나 호랑이 등을 그림), 신명의 가호를 상징해 주로 의장용으로 사용된 중오방기, 그리고 표면에 별다른 그림이 없이 다섯 가지 색깔만으로 예하부대에 명령을 하달하는 데 사용한 소오방기 등 세 종류가 있었다. 영기는 말 그대로 지휘관의 명령을 전달할 경우 이용되었는데, 청색 바탕에 붉은색으로 영(令)자가 쓰여 있어서 원거리에서도 식별이 가능했다.

전장의 소통 수단, 악기

시각에 바탕을 둔 신호체계와 쌍벽을 이룬 것은 청각(聽覺)을 이용한 신호체계였다. 우리나라에서 군 복무를 한 사람들은 군 생활 동안에 매일 아침저녁으로 들었던 기상나팔과 취침나팔 소리를 평생 잊지 못할 것이다. 이것이 바로 오늘날까지 남아 있는 대표적인 청각신호다. 옛날 군대에서도 인간의 육성이 가진 한계를 보완하기 위해서 각종 청각신호용 도구를 개발해 사용했다. 특히 온갖 소음이 난무한 전장에서 휘하 부대를 일사불란하게 지휘하기 위해서는 정확한 명령하달이 무엇보다도 중요했는데, 이때 각종 소리를 내는 도구의 도움이 절대적으로 필요했다.

조선 전기에 일선 부대에서 흔히 사용된 청각신호용 장비로 뿔나팔(角), 북(鼓), 그리고 징(金) 등을 꼽을 수 있다. 나팔에는 속이 빈 긴 나무통 끝에 황소 뿔을 부착한 소형

신호용 북

나팔과 긴 나무통 끝에 은으로 만든 사발 모양의 부리를 댄 대형 나팔이 있었다. 나팔은 주로 명령을 하달할 시 이목을 집중시킬 목적으로 불었고, 진퇴 및 교전을 독려할 시에 북과 함께 사용했다. 북은 부대를 전진시킬 때 사용했다. 북 치는 속도를 빨리하면 부대는 속보로 행군했고, 느리게 하면 완보로 행군했다. 특히 나팔을 불면서 동시에 북을 칠 경우 이는 교전에 임하라는 명령이었다. 북과는 반대로 징은 부대에게 후퇴 명령을 내릴 때 이용했다.

조선 후기에 사용된 대표적 청각신호 장비로 호포(號砲)와 호적(號笛)을 들 수 있다. 임진왜란 이후에는 조선에서도 화약무기가 본격적으로 사용된 탓에 전장 소음이 너무 커져서 나팔이 별다른 효력이 없었다. 따라서 이러한 문제를 보완할 목적으로 도입된 것이 호포, 즉 신호를 보내기 위해 사용한 삼혈(안)총이었다. 지휘관이 부하들에게 명령을 하달할 때 일단 호포를 쏘아서 주목을 시키고, 이어서 북이나 징 또는 깃발 등을 사용해 필요한 명령을 내렸다. 태평소라고도 불린 호적은 중국에서 조선으로 전해진 구멍이 7개인 피리로 예하 지휘관들을 집합시킬 때 사용했다. 이외에도 커다란 소라껍데기의 끝 부분에 구멍을 뚫고 구리로 만든 부리를 붙인 나팔인 나(螺), 쇠로 만든 큰 방울인 탁(鐸) 등이 활용되었다.

신호체계의 중요성과 현대적 의미

군대를 지휘하는 장수의 임무는 적장과 일합을 겨루는 것이 능사가 아니었다. 평소에 자신의 부대를 제대로 훈련시켜 실제 전투에서 승리를 이끌어내야만 했다. 그러기 위해서는 평소 일사불란한 명령체계를 구축해 놓아야 하는데, 이때 기초를 이룬 것이 바로 신호체계였다. 지휘관의 명령이 말단 병졸에게까지 일거에 전달되어야 원하는 행동이나 대형을 만들 수 있었기 때문이다. 하물며 전투가 벌어지는 현장에서는 오죽했을까. 전투는 단순히 무기만 갖고서는 승리할 수 없다. 아무리 당대의 첨단무기로 무장하고 있다고 하더라도 이것이 인간과 결합해 제대로 성능을 발휘해야만 싸움에서 이길 수 있다. 그리고 인간과 무기를 유기적으로 결합시켜주는 매개체가 바로 신호다.

우리 선조들은 일찍부터 이러한 문제점을 인식하고 이를 해결하기 위해서 각종 군사용 신호장비들을 고안하고 활용법을 발전시켰다. 사실 오늘날까지 일부 부대에서 명맥이 남아 있는 깃발신호나 군악대 병사가 부는 트럼펫 소리에는 이러한 역사의 흔적이 남아 있는 것이다. 따라서 이를 접할 때 선조들의 애국심과 호국정신도 동시에 읽어내야 할 것이다.

나각

조상의 국방 지혜가 녹아 있는 보물창고, 병서

병서(兵書)를 통해 조상의 지혜를 엿보다

군대와 관련된 기록을 담은 책자를 '병서'라고 부른다. 좀 더 일반적인 의미에서 병서란 말 그대로 '군사(軍事)에 대한 모든 내용—무기, 군인, 전투, 병법 등—을 담은 책'이다. 따라서 전통 병서에는 과거 선조들의 전투경험에서 도출된 군대의 편성과 운용, 군사작전 및 전투방식, 무기, 진법과 군사훈련, 공격 및 방어책, 그리고 신호체계 등이 포함되어 있다. 또한 병서는 주로 중요한 전쟁이나 전투를 치르고 난 이후에 향후 전쟁에 대비한다는 차원에서 저술됐기에 당대의 정치,

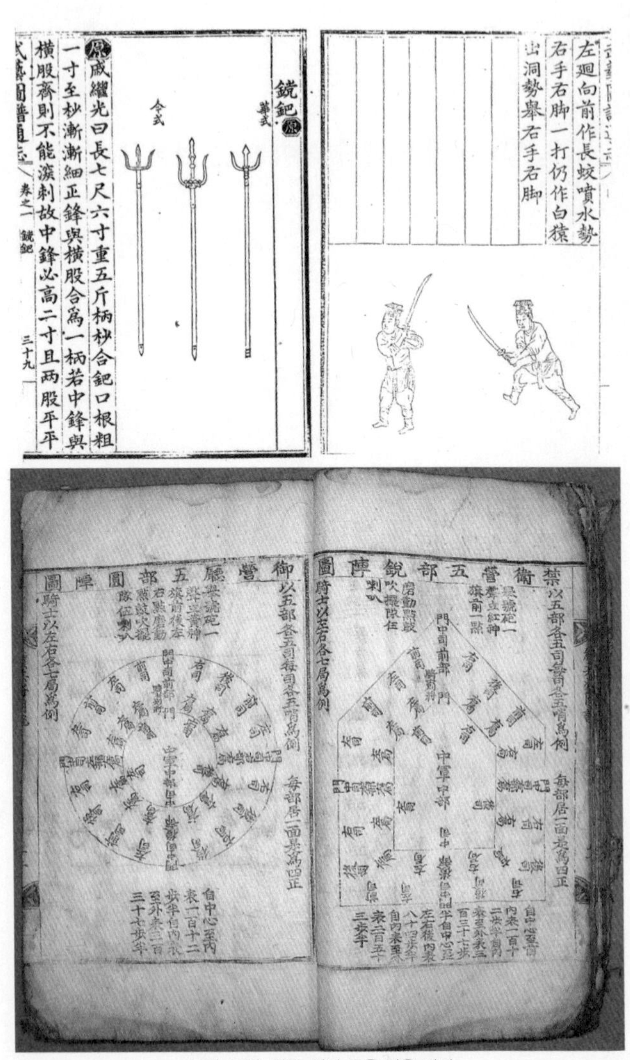

무기, 군인, 전투, 병법 등을 담은 병서

경제, 사회, 그리고 과학기술 등 모든 것이 응축된 '지혜의 결정체'다. 전쟁이란 생존 아니면 죽음의 교차점이었기에 상대방을 물리치기 위해서 온갖 지혜를 총동원하는 것이 당연했기 때문이다. 이러한 차원에서 병서를 통해 당대의 군사 측면은 물론이고 정치 및 사회상까지 엿볼 수 있다.

우리나라는 지리적으로 중국 대륙에 인접해 있어 일찍부터 중국의 선진 문물을 접했고, 이를 수용하고 보완해 우리 것으로 발전시켰다. 물론 독창적인 우리의 전통 병서도 있으나 대부분 중국의 무기 및 사용법, 군사훈련법 등을 기초로 작성된 것들이었다. 고로 우리 조상들은 당대의 기준에서 볼 때 항상 높은 수준의 병법을 익히고 있었다고 볼 수 있다. 삼국시대부터 병서가 편찬된 것으로 알려졌으나 조선시대 이전까지는 그 수가 적었다. 무엇보다도 현전(現傳)하는 것이 희박하기에 임진왜란 전후로 간행된 병서들을 중심으로 살펴보고자 한다.

병서의 유형과 간행 과정

앞에서도 밝혔듯이, 병서는 군사에 관한 거의 모든 것을 포괄하기에 유형은 다양하다. 따라서 이를 일목요연하게 몇 개의 범주로 구분하기는 쉽지 않다. 더욱이 조선 세종 대에는 병서의 간행이 많아지면서 분량이 크게 늘어난 탓에 그 유형을 찾아내기란 더욱 어렵다. 또한 내용상으로도 한 가지 주제만 다루는 것이 아니라 종합본 성격이 많고 이에 대한 후세 연구자들의 의견도 일치하지 않기 때문에 분류가 어렵다. 하지만 병서에 대한 일반 독자들의 이해도를 높이기 위해서는 이를 가능한 한 몇 개의 묶음으로 구분할 필요가 있다. 오늘날 연구자들은 주로 병서의 내용을 기초로 분류하는 바, 대략적인 공통분모를 뽑아 볼 때 교범류, 전사(戰史)류, 무구(武具) 및 성제(城制)류, 무예류, 그리고 민보(民堡)류 등으로 나눌 수 있다.

그렇다면 병서는 누가 편찬했을까? 건국 초기부터 강력한 문신 우위의 사회체제를 구축한 조선은 병서의 간행이 매우 포괄적으로 이루어졌다. 다시 말해, 위로는 국왕으로부터 아래로는 말단 관리에 이르기까지 병서의 편찬 작업에 참여했던 것이다. 특히 조선에서는 병서를 단순한 군사 및 전쟁 관련 서적으로만 인식하지 않고 보다 깊은 내용을 담은 인문서로 간주했기에 당대 최고의 학자나 문장가들도 병서 편찬에 한몫했다. 왕조의 기틀을 잡아야만 했던 조선 초기에는 국왕이 직접 병서를 저술하는 경우도 있었으나 이후에는 대부분 왕명을 받은 학술기관이나 학식이 높은 신하가 편찬을 주도했다.

조선시대에 얼마나 많은 병서가 편찬되어 현재 전해지고 있을까? 이를 정확하게 알 길은 없다. 하지만 다행스럽게도 조선 후기 이전에 발간된 병서들을 정리한 두 권의 책자가 전해지고 있다. 그중 하나는 18세기 말에 실학자 이긍익이 저술한 『연려실기술』(「전고(典故)」에 17종의 병서)이며, 다른 하나는 1908년에 왕명으로 간행된 『증보문헌비고』(「예문고」와 「병고」에 각각 41종과 22종 등 총 63종의 병서)다. 여기에서 중복되는 병서들을 제외하면 약 70여 종에 이르고, 시기상 모두 조선시대에 편찬된 것들이다.

이처럼 서명도 생소한 다양한 병서들을 쉽게 이해할 방법은 없을까? 아마 저자와 내용에 따라 살펴보는 방법이 유용할 것이다. 국왕이 직접 저술한 병서는 '어제병서(御製兵書)'라고 불렀는데, 대표적으로 세조가 지은 『병장설』이나 『병경』 등을 꼽을 수 있다. 그리고 신하가 지은 병서는 '어정병서(御定兵書)'라고 했는데, 조선왕조 전체를 통해서 『역대병요』 『동국병감』 『병학통』 그리고 『무예도보통지』 등 귀에 익은 병서들이 여기에 해당한다.

무엇보다도 병서의 제목이 내용 및 성격과 밀접하게 관련되어 있다. 우선, 방대한 내용의 병서를 쉽게 활용할 수 있도록 요점만 간추려서 편찬하거나 여러 병서를 참고로 특정 주제의 내용을 요약해 편찬한 경우가 있다. 『기효신서절요』 『무경절요』『행군수지』『병가요집』 등이 이에 해당하며, 병서 제목에 '절요' '수지' 그리고 '요집' 등이 붙어 있는 경우가 많다. 또한 동일한 내용의 병서 여러 권을 한 권으로 종합할 경우에는 '통지(通志)'라는 문구를 첨가했는데, 정조 대에 간행된 『무예통지』가 바로 여기에 해당한다. 독자의 이해를 돕기 위해 내용에 그림이나 입체도형 등을 포함한 경우에는 『병장도설』처럼 병서 제목에 '도설(圖說)'이란 단어를 덧붙였다. 그리고 『화포식 언해』처럼 끝에 '언해(諺解)'라는 명칭이 붙은 것은 한자를 잘 모르는 장병을 위해 세종 대 이후에 병서를 한글로 번역한 것이다.

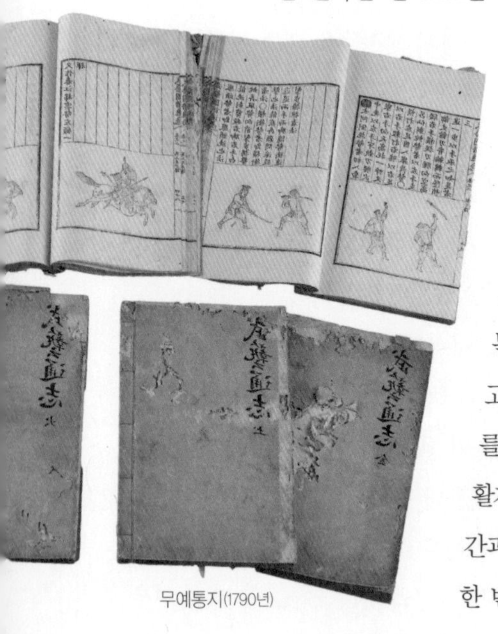
무예통지(1790년)

병서의 간행은 어떻게 이루어졌을까? 크게 인쇄와 장정(裝幀)으로 나눌 수 있다. 인쇄는 목판이나 목활자였다가 고려 중기 이후 금속활자를 사용했다. 목판 및 목활자는 제조에 상당한 시간과 노력이 드는 데 비해 한 번에 많은 분량을 찍어낼 수가 없었다. 다행히 우리나라는 금속 관련 기술이 발달한 덕분에 일찍부터 금속활자를 만들어 병서를 간행했다. 특히 조선 세종 대에는 선대(先代)에 개발된 계미자를 기초로 활자의 모양과 규격 등을 통일함으로써 작업을 보다 효율적으로 추진할 수 있었다.

조선 후기 서원의 팽창과 더불어 서적의 수요가 많아지면서 금속활자 인쇄술은 크게 발전했다. 이 밖에 지필묵(紙筆墨)을 이용한 필사도 병행되어 간행물의 모양새를 더욱 풍성히 했다. 이렇게 생산된 병서 중에서 희귀본은 사고(史庫)를 비롯해 여러 기관에 분산시켜 소장함으로써 향후 관리와 유지에 만전을 꾀했다. 하지만 워낙 외침을 많이 받은 탓에 아쉽게도 현전하는 병서는 그렇게 많지 않다.

조선 전기의 대표적 병서

역사적으로 삼국시대부터 중국에서 입수한 병서를 수정 보완해 사용한 것으로 알려졌으나 대부분 병서명이나 저자가 불분명하고 무엇보다도 한 권도 현전하지 않았다. 조선시대에 들어와서야 본격적으로 병서 편찬 작업이 이루어졌고, 이들 중 상당수가 오늘날까지 전해지고 있다. 그런데 조선의 군사체제는 임진왜란을 전후로 크게 달라지는데, 병서 편찬

역시 예외가 아니었다.

고려 말 최무선에 의해 화약제조법이 개발되고 화약무기가 사용되었으나 여전히 군대의 주력 장비는 근력무기였다. 고려가 망하고 새로운 왕조가 등장했지만 사정은 비슷했다. 따라서 조선 초기에 왕실의 관심은 효과적인 군대의 조련에 집중됐다. 즉, 병사들을 효율적으로 훈련시키는 방법인 진법(陳法)을 매우 중시했다. '전투대형을 갖추는 법, 전투 시 진을 치는 법' 등이 이에 해당했다. 자연스럽게 이 시기에는 진법에 관한 병서가 주류를 이루었는데, 대표적 개국공신이었던 정도전이 이에 깊은 관심을 기울였다. 그는 병서 편찬은 물론 병사 중에서 무예에 소질이 있는 자들을 선발해 강도 높은 진법 훈련을 시켰다. 국가적으로도 북방 여진족과의 충돌이 잦았던 시기였기에 국방에 대한 관심이 고조되었다.

바로 이러한 분위기에서 조선 전기 전술의 근간을 이룬 '오위진법(五衛陳法)'이 창안되었다.

조선 전기 병서 간행의 르네상스기는 태종~세종 대였다. 태종은 유력 공신들의 사병(私兵)을 혁파하고 중앙군을 창설해 체계적으로 훈련시켰다. 이와 동시에 무과시험을 실시해 인재들을 등용했다. 이러한 시대적 변화는 병서의 수요 증가로 이어져 병서의 간행을 촉진했다. 태종 대의 준비과정을 거쳐서 세종 대에 이르러 본격적으로 병서들이 선을 보이기 시작했는데, 1448년(세종 30)에 간행된 『총통등록』과 세종 말년에 간행된 『무경칠서』 『역대병요』 등을 대표작으로 꼽을 수 있다. 그러나 세종 대에 개발된 각종 화포의 제원, 주조법, 그리고 화약사용법 등을 자세히 기록한 우리나라 최초의 화기교범서인 『총통등록』이 현전(現傳)하지 않는 것은 매우 안타까운 일이다.

조선의 병서 간행 사업은 세조 대에 이르러 진정한 전성기를 맞이했다. 왕자 시절부터 병법에 관심이 많았던 세조는 국왕의 자리에 오른 다음에 병서 편찬사업에 박차를 가했다. 또한 세조 자신이 용병에 관한 경구와 훈시 등을 엮은 『병경(兵鏡)』과 이를 보완한 『병장설(兵將說)』을 집필하고 여기에 전문 학자들로 하여금 주해를 달게 했다. 특히 세조는 중앙에서 발간된 병서를 지방으로 널리 보급해 장병들의 자질을 향상시키고 이를 바탕으로 국방을 튼튼히 하려고 했다. 세조 대에 발간된 『병장설』 『무경칠서』 『진법』 『병정』 『동국병감』 『역대병요』 등은 임진왜란 발발 시까지 조선 무인의 필독서가 되었다. 하지만 조선 초기의 활발한 병서 간행사업은 세조 이후 별다른 성과를 거두지 못했다. 더구나 15세기 말에 이르면 국론이 분열되는 등 국방을 소홀히 한 탓에 병서 간행작업도 뒷전으로 밀리게 되었다.

조선 후기의 대표적 병서

임진왜란 초기에 조선군은 조총으로 무장한 왜군에게 속수무책으로 당했다. 후퇴를 거듭하던 조선군이 반전의 계기를 마련한 것은 1593년 1월 초에 벌어진 평양성 전투였다. 이때 함께 작전한 명나라 군대가 장창, 당파, 낭선 등 당시에는 생소한 무기를 들고 싸웠고, 평양성 탈환에 성공하면서 명군이 사용한 전술에 대해 관심을 갖게 되었다. 이것이 명나라 장수 척계광이 지은 『기효신서(紀效新書)』에 기록된 전투방식임을 안 조정에서는 곧 이 병서를 입수, 우리말로 번역해 조선군의 훈련방식에 적용했다. 이 시기에 척계광의 또 다른 저술인 『병학지남』도 소개된 바, 이 두 책은 임진왜란 이후 조선군의 군사훈련체제 정비에 커다란 영향을 미치게 되었다.

그러나 17세기 중엽, 두 번에 걸친 호란(胡亂)을 겪고 난 다음 보병에 대한 대응책 위주였던 『기효신서』의 문제점이 제기되었고, 북방 오랑캐의 기병부대에 대응할 필요성이 절실해졌다. 그래서 임진왜란 이후 거의 폐기되다시피 했던 오위진법을 부활시키려는 시도가 있었으나 주목할 만한 성과는 거두지 못했다. 인조의 뒤를 이은 효종이 강력하게 북벌계획을 추진하면서 군사력 강화에 심혈을 기울였으나 10년 만에 서거하는 통에 이러한 노력이 병서 간행으로 발전하지는 못했고, 과거의 제반 병법을 간추려 편찬한 『연기신편』의 간행이 거의 유일했다.

조선 후기 병서 간행사업은 영조와 정조 대에 이르러 부활되었다. 영조는 군사력을 국왕에게 집중시킬 의도로 임진왜란 전에 유행했던 진법에 관심을 두고 이를 『병장도설』 및 『속병장도설』이라는 제목으로 재 발간했다. 또한 도성 수비를 강화할 목적으로 『수성절목(守成節目)』을 편찬하고 명나라에서 『무비지(武備志)』를 입수해 간행했다. 또한 정조 즉위와 더불어 『기효신서』 계통의 병서가 다수 간행되었다. 특히 그는 장수의 자질 향상에 관심이 많아서 『병학통』 『병학지남』 『무예도보통지』 『병학지남연의』 등을 발간해 널리 보급했다.

기효신서

그러나 정조 이후에 병서 간행 작업은 활력을 잃게 되었다. 그렇다고 그 맥마저 끊어진 것은 아니었다. 국가의 역할은 미진했던 반면에 개인 차원에서 일부 국방의식을 지닌 학자들이 병서 발간에 일익을 담당했다. 정약용의 『민보의(民堡議)』, 박종경의 『융원필비』, 이중협의 『비어고(備禦攷)』, 그리고 조우석의 『무비요람(武備要覽)』 등을 꼽을 수 있다.

이후 고종의 즉위와 더불어 대원군 주도로 국방개혁이 단행되었으나 이미 국운은 기울고 있었다. 고종 대에는 정약용이 제시했던 민보방위체제에 관한 병서인 『민보집설』 『민보신편』이 발간되었다. 19세기 말에 이르러 국가 인쇄기관인 박문국(博文局)에 신식 금속활자가 도입되어 서적 간행사업이 활기를 띠었다. 하지만 이 시기의 간행물은 을지문덕이나 이순신 장군과 같은 과거 영웅들과 관련된 전투사가 주를 이루었다. 명장들의 삶과 호국의지를 통해 국가의 독립을 보전코자 했던 선조들의 소망이 투영된 결과였다.

전통 병서에 대한 인식의 중요성

조선 전기에는 태종과 세종 대, 조선 후기에는 영조와 정조 대에 병서 간행이 활발했다. 비록 많은 전통 병서들이 중국 병서를 수정 보완한 형태였으나 그렇다고 우리 병서의 수준을 낮게 보아서는 안 된다. 중국 병서를 근간으로 했으나 이를 우리 실정에 맞게 다시 편찬했고, 독자적으로 저술된 병서도 많기 때문이다.

오늘날은 스마트 폭탄을 활용한 핀 포인트 폭격과 인공위성을 이용한 미사일의 원격조정이 가능한 시대다. 이렇게 과학기술이 발전한 시대에 우리가 과거의 전통 병서에 관심을 기울여야 한다는 주장은 과연 타당할까? 그렇다. 우선, 전통 병서는 단순히 군사에 대한 내용만을 담고 있지 않다. 이는 편찬될 당시의 군사 현황은 물론 정치, 경제, 사회 등 역사 전반을 반영하고 있다. 또한 역사적으로 전혀 엉뚱한 방식으로 벌어진 전쟁은 없었다. 다시 말해, 당대의 전쟁은 바로 앞 시대에 벌어진 전쟁에서 다소 발전된 모습에 불과한 것이다. 따라서 승리하기 위해서는 반드시 앞선 시대에 벌어진 전쟁에 대해 알아야 하고 이를 위해서 당대에 간행된 병서를 읽어야만 한다.

전쟁은 생사의 갈림길이기에 병서에는 당대인들의 지혜가 응축되어 있다. 살기 위해서는 상대방보다 더 많은 지혜를 짜내야만 했기 때문이다. 따라서 병서에는 장구한 세월 동안 선조들이 생존하기 위해 노력한 피와 땀과 눈물이 스며들어 있다. 오늘날과 비교해 무기의 위력은 엄청난 차이가 있으나 싸움에 임하는 인간의 본성은 같기에 전통 병서에 담긴 내용은 시공을 초월해 오늘날 우리에게도 충분히 유효하다.

마치며, 선조들의 지혜를 잇는 후대의 무기개발에 바란다

대부분 각국의 전통 무기는 국가의 군사문화라는 소프트웨어와 지형과 기후라는 하드웨어의 결합을 통해 중요도가 결정되었다. 이는 우리나라도 마찬가지다. 따라서 전쟁의 승패는 역사적으로 과연 누가 자국의 제반 여건에 가장 잘 어울리는 무기를 개발 및 발전시키고 성능을 극대화할 수 있는 무기체계를 구비했느냐에 크게 좌우되었음을 엿볼 수 있다.

우리나라는 자연적으로 산악이 많고 이를 이용한 산성이 많다 보니 흔히 '성곽의 나라'라는 별칭으로 불리기도 했다. 물론 전국에 분포되어 있던 많은 산성이 실전에 어느 정도 기여했는지 정확하게 평가할 방법은 없다. 더구나 산성 자체로는 아무런 효용이 없고 우리 민족의 전통적 방어책인 '청야입보' 전술과 결합할 경우에 위력을 발휘할 수 있었다. 청야입보는 종심이 깊은 우리나라의 지형을 고려한 전술로 적군의 침략 시 들판에 있는 먹을거리를 모두 불태우고 산성으로 들어와야 그 진가를 발휘할 수 있었다.

오늘날 우리가 유적지에서 접하는 산성들은 돌무더기에 불과할 정도로 초라한 모습일 수도 있다. 풍상의 세월을 견디지 못하고 무너져 내린 경우도 있고, 처음부터 모양이나 규모가 작은 경우도 있다. 하지만 중요한 것은 바로 이러한 성곽들이 우리 선조들과 함께 무수한 외침으로부터 이 강토를 지킨 주인공이라는 점이다. 따라서 아무리 사소하게 보이는 돌덩이 하나라도 국방유적을 소중하게 여기고 이를 보존하려는 자세를 갖는 것이 바로 나라사랑의 첫걸음이 아닐까 한다.

창의성을 갖고 직분에 전념하는 것이 바로 애국

역사 속에서 애국을 실천하는 일은 전장이 아니더라도 자신의 분야에서 최선을 다하는 것임을 최무선의 삶을 통해 엿볼 수 있었다. 최무선은 개인의 노력으로 우리나라 최초로 화약제조에 성공해 화약의 국산화라는 소중한 업적을 이룩했다. 하지만 그의 역할이 여기에서 멈추었다면 업적은 반쪽에 불과했을지도 모른다. 그는 고려 왕실을 설득해 '화통도감'을 설립하고 다양한 화약무기를 개발했으며, 이를 실전에서 사용함으로써 왜구 토벌을 성공으로 이끌었다. 그 덕분에 고려 왕실은 1350년 이래로 서해안과 남해안 지방을 불안에 떨게 했던 왜구의 분탕질을 막을 수 있었다.

무엇보다도 그는 아들 최해산에게 화약제조 비법을 전승시켜서 세종 대에 화약무기 르네상스를 이룩하는 기초를 놓았다. 우리 역사상 드물게 부자(父子)가 국방에 크게 기여한 사례다. 당시 화약의 전술적 가치를 이해하고 꾸준한 관찰과 집요한 추적을 통해 자체 제조에 성공했던 최무선의 창의적인 태도와 이를 무기 제작으로 연결해 실전에 사용했던 실용적인 자세는 오늘을 사는 우리에게도 필요한 덕목이다. 그리고 평생 화약과 동고동락한 삶의 이면에는 애국(愛國)과 애민(愛民) 정신이 녹아 있음을 기억해야 할 것이다.

세종 대 이후 화약무기는 침체기였지만 전혀 손을 놓고 있었던 것은 아니었다. 선조들은 나름의 방식으로 나라를 지키기 위해서 노력했다. 임진왜란 시에 왜군의 조총에 고전을 면치 못했으나 이후 곧 승자총통 및 삼안총과 같은 개인화기를 개발해 왜군의 침략에 대응했다. 임진왜란 동안 벌어진 지상전투라고 하면 왜군의 조총만을 떠올리는데, 이 기회에 우리 조선군에도 심혈을 기울여 개발한 개인화기가 있었음을 기억할 필요가 있다. 무엇보다 우수한 무기 개발은 한순간에 이루어지는 것이 아니라 지속적인 관심과 개발의지를 갖고 창의력을 발휘할 때 이루어진다는 교훈을 되새겨야 한다.

조선 전기에 개발된 여러 화약무기들 중에서 대표적으로 하나를 꼽으라면 아마도 신기전과 화차가 아닐까 한다. 신기전과 화차의 결합은 오늘날 소형 로켓무기와 다연장 발사기의 결합에 해당한다. 현대 전투에서 막강한 화력을 과시하는 다연장 로켓포의 원조가 바로 우리나라의 신기전과 화차다. 1980년대에 개발된 K-136 다연장 로켓포는 어느 날 갑자기 하늘에서 떨어진 것이 아니라 선조들의 국방과학기술에 대한 노하우가 기록이나 유물 그리고 우리의 DNA를 통해 면면히 전해졌기에 가능했다. 비록 지금은 하찮은 것처럼 보일지라도 주변에서 접하는 전통 무기를 포함한 군사문화재야말로 선조들의 지혜가 겹겹이 쌓여 있는 보물임을 명심해야 한다.

세계화 시대의 덕목, 개방과 포용

바야흐로 세계는 일일생활권으로 접어들었다. 이제 '세계화'라는 용어가 전혀 낯설게 들리지 않을 정도다. 다른 한편으로 세계화 시대는 무한경쟁의 시대이기도 하다. 우리는 빨리 우수한 제품을 만들어 판매하는 것이 한 기업, 한 국가의 흥망을 좌우하는 매우 위태롭고 살벌한 시대에 살고 있다.

그렇다면 이러한 시대의 생존방식은 무엇일까? 바로 개방성과 포용성이다. 다시 말해, 우리 것만 고집하지 말고 두 눈을 세계로 향해 우리보다 좋은 것이 있으면 이를 적극적으로 수용해야 한다. 그리고 우리 실정에 맞게 개량하고 발전시켜서 이를 다시 세계에 선보여야 생존과 번영을 이어갈 수 있다. 이러한 원리는 국가 간의 교역에만 해당되는 것도 아니고, 특별히 오늘날에만 제한적으로 적용되는 것도 아니다. 앞에서 살펴보았듯이, 이미 우리의 역사 속에 '세계화'의 모습이 있었고, 수용 여부가 어떠한 결과를 초래했는지 경험했다.

조총과 불랑기포는 모두 유럽에서 만들어져서 16세기 중엽에 동아시아에 전래된 당대의 신무기다. 유럽인들이 이른바 '서세동점'을 하는 중요한 수단이 되었으나 우리에게도 수용되어 임진왜란이라는 위기를 극복하는데 기여했다. 오늘날도 마찬가지다. 항상 열린 마음을 갖고서 과거를 발판으로 삼아 미래를 내다보는 자세를 견지해야만 한다. 이는 민족과 시공을 초월해 적용될 수 있는 중요한 생존원리임을 명심할 필요가 있다.

역사는 반복한다

19세기 후반은 격변기였다. 내부적으로 왕조는 기울고 있었으며 설상가상으로 월등한 성능을 지닌 근대식 무기로 무장한 서양 열강이 물밀듯이 밀려왔다. 이러한 풍전등화의 시기에 어린 고종을 대신해 조선의 정치를 주도했던 대원군은 부국강병책을 적극적으로 추진했다. 무엇보다도 외세를 물리치기 위해서는 성능이 우수한 무기개발이 절실함을 깨닫고 이를 의욕적으로 추진한 바 있다. 비록 당시 열강의 군사적 능력이 너무 강해 당대의 노력이 충분한 성과를 얻지는 못했으나 온갖 어려움 속에서도 무엇인가 새로운 시도를 통해 나라를 지키려고 했던 선조들의 의욕과 정신은 높이 살만하다.

흔히 '역사는 반복된다'라고 한다. 이를 입증이라도 하듯, 전문가들은 오늘날 우리나라가 처한 주변정세가 19세기 말과 비슷하다고 목소리를 높이고 있다. 이는 무슨 의미인가? 또다시 외세의 손에 놀아나지 않도록 주변의 변화를 세심하게 관찰하면서 슬기롭게 대응해야 한다는 경고다. 효과적인 대응책이 바로 선조들의 고민 속에 담겨 있는 바, 이러한 역사를 통해 교훈을 찾고 이를 바탕으로 국가의 존립과 국민의 안위가 위협을 받는 또 다른 우(愚)를 범해서는 결코 안 될 것이다.

참고문헌

국방군사연구소,『한국의 봉수제도』, 1997.
국사편찬위원회 편,『나라를 지켜낸 우리 무기와 무예』, 두산동아, 2007.
강성문,『한민족의 군사적 전통』, 봉명, 2000.
김행복,『한국 고병서의 현대적 이해』, 육군본부, 2006.
노영구,『역사와 현실 제30집: 조선시대 병서의 분류와 간행추이』, 1998.
노영구 외,『정조대의 예술과 과학』, 문헌과 해석사, 2000.
민승기,『조선의 무기와 갑옷』, 가람기획, 2004.
박금수,『조선의 武와 전쟁』, 지식채널, 2011.
박재광,『화염 조선: 전통 비밀병기의 과학적 재발견』, 글항아리, 2009.
서길수,『고구려 산성』, 고구려 연구회, 1998.
손영식,『한국의 성곽』, 주류성, 2009.
심정보,『한국읍성의 연구』, 학연문화사, 1995.
여호규,『고구려 산성 I.II』, 국방군사연구소, 1998.
유승우 외,『한국무기발달사』, 국방군사연구소, 1994.
육군박물관,『학예지 제15집: 군사신호체계 특집』, 2008.
육군본부 군사연구소,『한국 고병서의 현대적 이해』, 2006.
온창일,『한민족전쟁사』, 집문당, 2002.
임용한,『전쟁과 역사 1: 삼국편』, 혜안, 2001.
_____,『전쟁과 역사 2: 거란 여진과의 전쟁』, 혜안, 2004.
전쟁기념관 편,『우리나라의 전통무기』, 전쟁기념관, 2004.
정해은,『한국 전통병서의 이해 1&2』, 국방부 군사편찬연구소, 2004&2008.
진용옥,『봉화에서 텔레파시 통신까지』, 지성사, 1996.
차용걸·최진연,『한국의 성곽』, 눈빛, 2002.
채연석,『우리의 로켓과 화약무기』, 서해문집, 1998.

허선도, 『조선시대 화약병기사 연구』, 일조각, 1994.
허인욱, 『옛 그림에서 만난 우리 무예풍속사』, 푸른역사, 2005.

한국무기의 역사

펴낸날 **초판 1쇄 2013년 8월 30일**

지은이 **이내주**
펴낸이 **심만수**
펴낸곳 **(주)살림출판사**
출판등록 **1989년 11월 1일 제9-210호**

주소 **경기도 파주시 문발동 522-1**
전화 **031-955-1350** 팩스 **031-624-1356**
기획 · 편집 **031-955-4671**
홈페이지 **http://www.sallimbooks.com**
이메일 **book@sallimbooks.com**

ISBN 978-89-522-2712-6 04080

※ 값은 뒤표지에 있습니다.
※ 잘못 만들어진 책은 구입하신 서점에서 바꾸어 드립니다.

이 도서의 국립중앙도서관 출판시도서목록(CIP)은 서지정보유통지원시스템 홈페이지(http://seoji.nl.go.kr)와 국가자료공동목록시스템(http://www.nl.go.kr/kolisnet)에서 이용하실 수 있습니다.(CIP제어번호: CIP2013015719)

책임편집 **박종훈**

085 책과 세계

강유원(철학자)

책이라는 텍스트는 본래 세계라는 맥락에서 생겨났다. 인류가 남긴 고전의 중요성은 바로 우리가 가 볼 수 없는 세계를 글자라는 매개를 통해서 우리에게 생생하게 전해 주는 것이다. 이 책은 역사라는 시간과 지상이라고 하는 공간 속에 나타났던 텍스트를 통해 고전에 담겨진 사회와 사상을 드러내려 한다.

056 중국의 고구려사 왜곡 eBook

최광식(고려대 한국사학과 교수)

중국의 고구려사 왜곡의 숨은 의도와 논리, 그리고 우리의 대응 방안을 다뤘다. 저자는 동북공정이 국가 차원에서 진행되는 정치적 프로젝트임을 치밀하게 증언한다. 경제적 목적과 영토 확장의 이해관계 등이 복잡하게 얽혀 있는 동북공정의 진정한 배경에 대한 설명, 고구려의 역사적 정체성에 대한 문제, 고구려사 왜곡에 대한 우리의 대처방법 등이 소개된다.

291 프랑스 혁명 eBook

서정복(충남대 사학과 교수)

프랑스 혁명은 시민혁명의 모델이자 근대 시민국가 탄생의 상징이지만, 그 실상을 아는 사람은 많지 않다. 프랑스 혁명이 바스티유 습격 이전에 이미 시작되었으며, 자유와 평등 그리고 공화정의 꽃을 피기 위해 너무 많은 피를 흘렸고, 혁명의 과정에서 해방과 공포가 엇갈리고 있었다는 등의 이야기를 통해 프랑스 혁명의 실상을 소개한다.

139 신용하 교수의 독도 이야기 eBook

신용하(백범학술원 원장)

사학계의 원로이자 독도 관련 연구의 대가인 신용하 교수가 일본의 독도 영토 편입문제를 걱정하며 일반 독자가 읽기 쉽게 쓴 책. 저자는 역사적으로나 국제법상으로 실효적 점유상으로나, 어느 측면에서 보아도 독도는 명백하게 우리 땅이라고 주장하며 여러 가지 역사적인 자료를 제시한다.

144 페르시아 문화

eBook

신규섭(한국외대 연구교수)

인류 최초 문명의 뿌리에서 뻗어 나와 아랍을 넘어 중국, 인도와 파키스탄, 심지어 그리스에까지 흔적을 남긴 페르시아 문화에 대한 개론서. 이 책은 오랫동안 베일에 가려 있던 페르시아 문명을 소개하여 이슬람에 대한 편견과 오해를 바로 잡는다. 이태백이 이란계였다는 사실, 돈황과 서역, 이란의 현대 문화 등이 서술된다.

086 유럽왕실의 탄생

김현수(단국대 역사학과 교수)

인류에게 '예술과 문명' 그리고 '근대와 국가'라는 개념을 선사한 유럽왕실. 유럽왕실의 탄생배경과 그 정체성은 무엇인가? 이 책은 게르만의 한 종족인 프랑크족과 메로빙거 왕조, 프랑스의 카페 왕조, 독일의 작센 왕조, 잉글랜드의 웨섹스 왕조 등 수많은 왕조의 출현과 쇠퇴를 통해 유럽 역사의 변천을 소개한다.

016 이슬람 문화

이희수(한양대 문화인류학과 교수)

이슬람교와 무슬림의 삶, 테러와 팔레스타인 문제 등 이슬람 문화 전반을 다룬 책. 저자는 그들의 멋과 가치관을 흥미롭게 설명하면서 한편으로 오해와 편견에 사로잡혀 있던 시각의 일대 전환을 요구한다. 이슬람교와 기독교의 관계, 무슬림의 삶과 낭만, 이슬람 원리주의와 지하드의 실상, 팔레스타인 분할 과정 등의 내용이 소개된다.

100 여행 이야기

eBook

이진홍(한국외대 강사)

이 책은 여행의 본질 위를 '길거리의 철학자'처럼 편안하게 소요한다. 먼저 여행의 역사를 더듬어 봄으로써 여행이 어떻게 인류 역사의 형성과 같이해 왔는지를 생각하고, 다음으로 여행의 사회학적 · 심리학적 의미를 추적함으로써 여행에 어떤 의미를 부여할 것인가에 대해 말한다. 또한 우리의 내면과 여행의 관계 정의를 시도한다.

293 문화대혁명 중국 현대사의 트라우마

eBook

백승욱(중앙대 사회학과 교수)

중국의 문화대혁명은 한두 줄의 정부 공식 입장을 통해 정리될 수 없는 중대한 사건이다. 20세기 중국의 모든 모순은 사실 문화대혁명 시기에 집약되어 있다고 해도 과언이 아니다. 사회주의 시기의 국가 · 당 · 대중의 모순이라는 문제의 복판에서 문화대혁명을 다시 읽을 필요가 있는 지금, 이 책은 문화대혁명에 대한 안내자가 될 것이다.

174 정치의 원형을 찾아서

eBook

최자영(부산외국어대학교 HK교수)

인류가 걸어온 모든 정치체제들을 매우 짧은 기간 동안 시험하고 정비한 나라, 그리스. 이 책은 과두정, 민주정, 참주정 등 고대 그리스의 정치사를 추적하고, 정치가들의 파란만장한 일화 등을 소개하고 있다. 특히 이 책의 저자는 아테네인들이 추구했던 정치방법이 오늘 우리 사회가 당면한 문제를 해결할 수 있는 지혜의 발견에 도움을 줄 수 있을 것이라고 말한다.

420 위대한 도서관 건축순례

eBook

최정태(부산대학교 명예교수)

이 책은 도서관의 건축을 중심으로 다룬 일종의 기행문이다. 고대 도서관에서부터 21세기에 완공된 최첨단 도서관까지, 필자는 가능한 많은 도서관을 직접 찾아보려고 애썼다. 미처 방문하지 못한 도서관에 대해서는 문헌과 그림 등 가능한 많은 정보를 수집하려 노력했다. 필자의 단상들을 함께 읽는 동안 우리 사회에서 도서관이 차지하는 의미에 대해 다시 생각하게 된다.

421 아름다운 도서관 오디세이

eBook

최정태(부산대학교 명예교수)

이 책은 문헌정보학과에서 자료 조직을 공부하고 평생을 도서관에 몸담았던 한 도서관 애찬가의 고백이다. 필자는 퇴임 후 지금까지 도서관을 돌아다니면서 직접 보고 배운 것이 40여 년 동안 강단과 현장에서 보고 얻은 이야기보다 훨씬 많았다고 말한다. '세계 도서관 여행 가이드'라 불러도 손색없을 만큼 풍부하고 다채로운 내용이 이 한 권에 담겼다.